コミュニケーションを めぐる生物学

斎藤 徹 著
by Toru R. Saito

アドスリー

はじめに

旧約聖書の創世記に次のような聖句があります。

「神は仰せられた。『さあ人を造ろう。われわれの形として、われわれに似せて。彼らが、海の魚、空の鳥、家畜、地のすべてのもの、地を這うすべてのものを支配するように』」

新約聖書のヨハネによる福音書には、「初めに、ことばがあった。ことばは神とともにあった。ことばは神であった」という聖句があります。

いま、人類はすべての動物を治めています。そして、他の動物と違って、人類に付与された最も貴重な賜物の1つがことばです。人類はことばによって、さまざまな感情、思いや考えを相手に伝えたり、逆に相手から伝えられたりしてコミュニケーションを行っています。このように、ことばによって、ものごとを認知・識別し、分析・判断し、比較・総合し、認識・思考しています。

「『さあ、われわれは町を建て、頂が天に届く塔を建て、名をあげよう。われわれが全地に散らされるといけないから』主は仰せになった。『彼らがみな、一つの民、一つのことばで、このようなことをし始めたのなら、（中略）、さあ、降りて行って、そこでのことばを混乱させ、彼らが互いにことばが通じないようにしよう』こうして主は人々を、そこから地の全面に散らされたので、彼らはその町を建てるのをやめた」（創世記11章）

　現在、私たちが使っていることばは、日本には日本語があり、イギリスには英語、フランスにはフランス語、ドイツにはドイツ語、スペインにはスペイン語、そして中国には中国語などがあり、人類（ホモ・サピエンス）という生物分類学的には1つの種に属しながら、民族が違い、国が違えばことばも違います。つまり、ことばはそれぞれの民族の文化のなかで作られてきましたが、同じ民族のなかで

も、方言もあります。また、ことば全体は時代とともに変化しています。

一方、動物にはことばがあるのでしょうか?

ことばは発声器官を通じて発する音声です。動物にも音声(鳴き声)があるという観点から、動物にもことばがあると言えるかもしれません。しかし、そこには人類のことばとは大きな違いがあり、動物はことばの概念を理解しているのではなく、音響イメージを中心とした信号によるものであり、さらにはそれに伴う動作や表情などの信号が加わります。

現在、私たちが使っている「複雑な言語」は言語の進化から見ると次のように考えられています。

「鳴き声」→「ことば」→「言語」→「複雑な言語」

最近の研究では、ベルベットモンキーは天敵であるワシ、ニシキヘビ、ヒョウの鳴き声を聞き分け、それらの天敵に対応する異なる行動が見られています。また、プレリードックは近づく敵(スカンク、イヌ、タカ、ヒトなど)によって違った鳴き声で仲間に伝えていることもわかってきました。

つまり、これらの「鳴き声」は単純な名詞のみであったものが、さらに形容詞、副詞、動詞、代名詞などが加わり、文法が形作られて現代言語「複雑な言語」に進化したと考えられています。ちなみに、アウストラロピテクス類（猿人）は名詞、ネアンデルタール人（旧人類）は名詞と動詞、そして私たち人類の祖先であるクロマニヨン人（約4万年前）に至ってはホモ・サピエンスと同類の言語を使っていたと言われています。

ヒトをはじめ、動物のコミュニケーションは聴覚信号（音声）によるとは限りません。視覚信号、嗅覚信号（匂い）など、すべての感覚信号が使われています。

本書では、「動物の社会における情報の伝達信号やそのしくみ」について研究データを中心に、生物学的な側面から「動物のコミュニケーション」についてのやさしい解説を試みました。本書は4章から構成されており、第1章ではヒトと動物のそれぞれの社会における「情報とコミュニケーション」について、第2章以降では情報の伝達信号として、「視覚信号とコミュニケーション」（第2章）、「聴覚（音声）信号とコミュニケーション」（第3章）、「嗅覚（匂い）信号とコミュニケーション」（第4章）について紹介しています。

近年、社会構造や人間関係が複雑化あるいは多様化するなか、企業や学校、家庭などでコミュニケーション能力が求められています。しかし人類はなまじ、ことばが発達してしまったために、ことばに惑わされ、ほんとうにお互いの心を読み取ることが下手になってしまったのではないでしょうか?

動物の多才なコミュニケーションのしくみのなかには、私たちが豊かなコミュニケーションを行うための、さらには動物との豊かな共存生活をめざすためのヒントが隠されているかもしれません。

本書の執筆にあたり、昆虫にかかわる貴重な研究資料の提供をいただきました株式会社シー・アイ・シー研究開発センター部長・小松謙之博士、倉田章久研究員、岩崎玲研究員にお礼申し上げます。

最後に、本書の企画から編集の細部にわたりお世話になりました株式会社アドスリー代表取締役・横田節子氏、石井宏幸氏に感謝します。

2019年 初春

斎藤 徹

目次

第1章
情報とコミュニケーション

はじめに

私たちは、家庭や社会（学校、職場など）のなかで、人々とのかかわりを持って生活し、さまざまな人間関係を作り上げています。ヒトをはじめ、すべての動物は、単独でその一生涯を終えることはありません。ふだんは単独で生活している動物でも、その生涯には必ず他の個体との出会いがあります。たとえば、なわばりを形成する動物では生殖時期にライバルとの闘争があり、そして異性との性的交渉を持つようになります。

つまり、2個体以上の動物の集団があり、その個体間にお互いの干渉があるとき、これを社会とよんでいます。多くは同じ種類に属する個体の集団ですが、異種個体間に成立することもあります。動物の社会が構成されていくためには、なんらかの形で個体間のメッセージの伝達が必要となります。動物は、実に豊かな表情を持っています。「顔」の表情だけではなく、動作、色彩、声、匂いなど、全身で、相手にメッセージを伝えています。このように送り手から受け手へと信号を介してメッセージが伝わることをコミュニケーションとよんでいます。

本章では、ヒトと動物の社会におけるコミュニケーションの歴史、意義、様式、しくみについて見ていきます。

コミュニケーションの歴史

コミュニケーションは、有史以前から行われてきました。その当時のコミュニケーションとは、生命を維持するための意思の伝達だったと考えられます。「獲物がいる」（危険が迫っているが、食糧となる）、これがコミュニケーションの始まりです。

意思伝達の手段としては身振り手振りでしたが、人類が手で道具を作るようになると、動物や狩りの様子を絵画で表現するようになりました。洞窟壁画として、フランスの「ラスコー洞窟」やスペインの「アルタミラ洞窟」などが知られています。また、太鼓をたたいたり、狼煙の煙で合図を送ったりしていました。この頃に言語が誕生しています。

四大文明の時代（紀元前2000年代）に文字が誕生し、その後、それを書き記することのできる媒体、パピルス（パピルスという草の茎から製造した一種の紙）が生まれ、その後、中国で現在のような紙が製造されるようになりました（105年）。同時に、文字を書くための筆などの道具も生まれ、人々に手紙による通信が普及することになり、メッセージの優れた保存性と遠方への通信が可能なコミュニケーションツールとなりました。

モールス（1837年）により電気を使って電信を伝える電信機、ベイン（1843年）により画像を通信で送ることのできるファクシミリ、そしてベル（1876年）により声を直接伝えることのできる電話機が発明されました。また最近では、携帯電話の登場により、どこからでも簡単にメッセージを伝達できるようになりました。

1945年頃にコンピューターの誕生により、今日では通信の世界も大きく変化していることは言うまでもありません。米国で、大学や研究機関でプロジェクトが組まれ、世界で初めてパケット通信ネットワークが運用され、その後他のネットワークと融合してインターネットへ発展したと言われています。いまや、デジタルコミュニケーションの重要度は、とても高まっています。そしてその能力は増大、進化し続けていますが、ともすれば誤解やミスによるディスコミュニケーションを生じる危険性をはらんでいます。一方で、対話によって意思の疎通をはかる対面コミュニケーション能力は低下の傾向が見られています。このことは、人間関係の構築において憂慮すべき問題を提示しています。

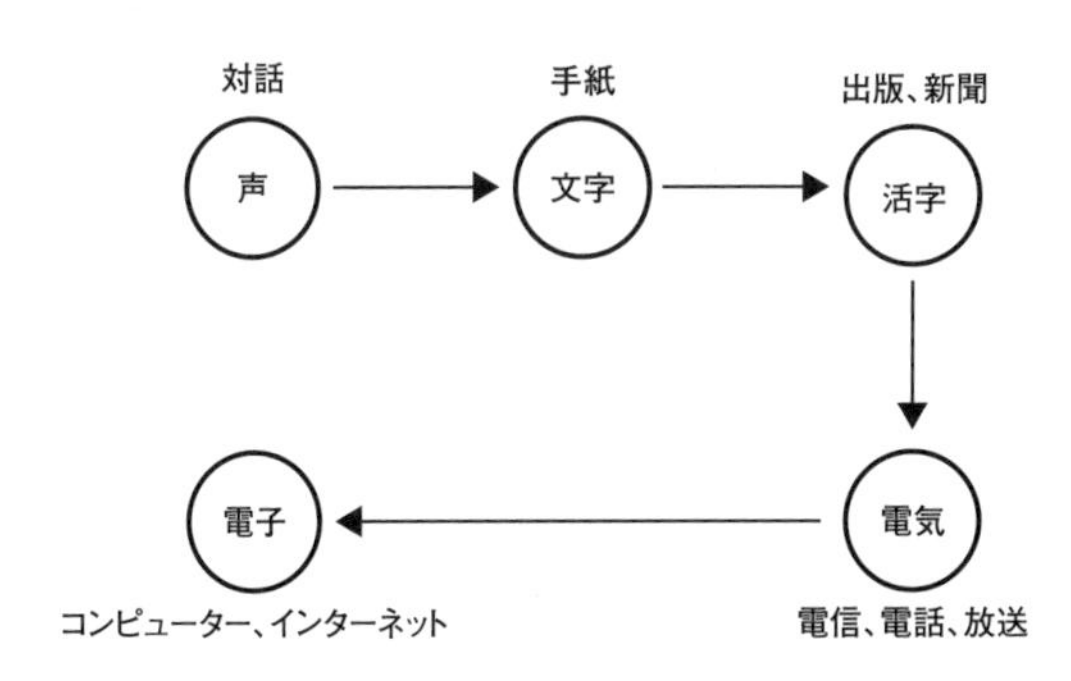

図1　コミュニケーションの歴史の流れ
伝達手段と伝達媒体を記す。

以上、コミュニケーションの歴史について、図1に要約します。

コミュニケーションの語源

コミュニケーション（communication）ということばは英語です。このことばはどんな経緯で生まれたのでしょうか?

　コミュニケーションの語源は、コミュニケート（communicate：特定の情報などを伝達する）であり、コミュニケートの語源はコミュニティ（community：同じ価値観、利害、国籍、文化を持つ特定の共同体、共同社会）です。

メッセージ　メッセージ
通信路
情報源 → 送信機 → 送信信号 → 通信路 → 受信信号 → 受信機 → 受信地
雑音源 → 通信路

図２　通信系モデル（文献１改変）

コミュニケーションの定義

このような語源から、コミュニケーションとは「ある所から別の所へエネルギー、物体、生物、情報などが移動し、その移動を通じて両所に、ある共通性が生まれること」と定義されていますが、これでは抽象的で具体性を欠いています。

コミュニケーションということばは、多種多様な用いられ方をしています。たとえば、物理（通信工学）系では、コミュニケーションとは「情報伝達」と定義され、新聞やラジオ、テレビ、インターネットなどのマスメディア（mass media）を通じて大衆に大量の情報を伝達するマスコミュニケーション（mass communication）とよばれているものです。この場合、情報は符号のパタ

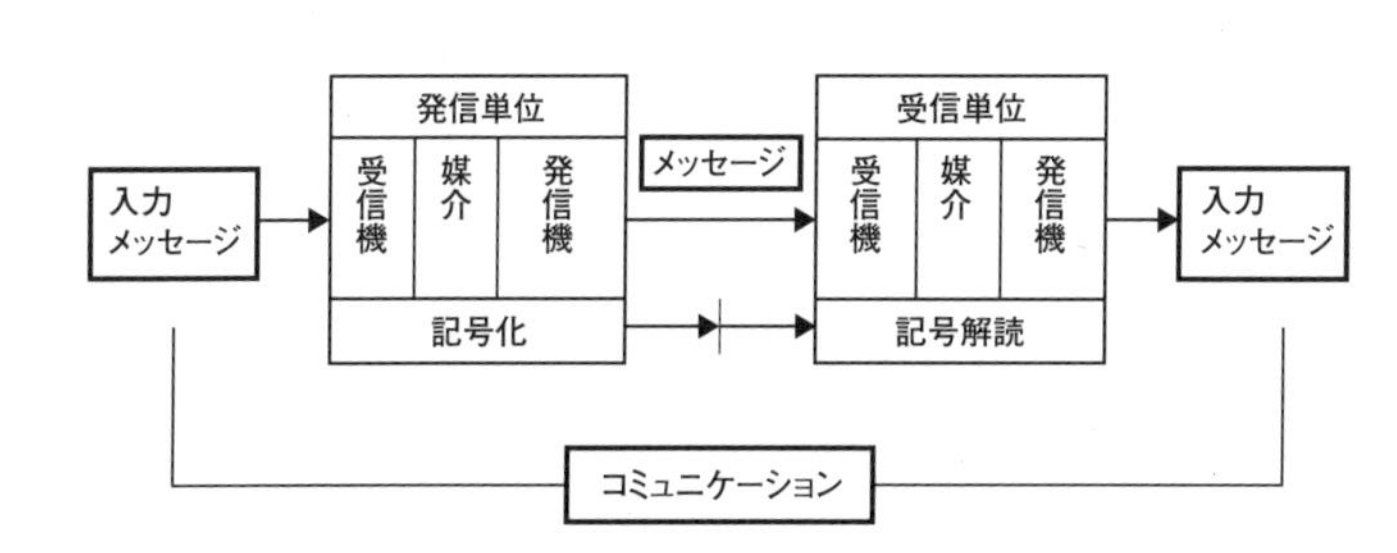

図3　生物系コミュニケーションモデル（文献2改変）

ーンとして認知され、電気信号などに変換されて一方的に送られます（図2）。

生物系では、コミュニケーションとは「社会生活を営む人間の間で行われる知覚・感情・思考の伝達」、「動物個体間での、身振りや音声・匂いなどによる情報の伝達」と定義されています。ただし、情報の伝達だけが起きれば十分とは見なされておらず、「ある生物が他の生物になんらかの影響を与えること」、「送り手が受け手の反応によって利益を得るような、ある生物から他の生物へのメッセージ（message）の伝達であること」、あるいは「生物間の共同的な相互作用であり、双方（送り手、受け手）がメッセージのやりとりの効率を最大限に高めること」などを含めてコミュニケーションと称しています（図3）。

コミュニケーション行為

コミュニケーション行為とは、発信者と受信者間の情報伝達の実践的動作として見ることができます。たとえば、発信者は、親への餌の要求であること、発信者が交尾可能な状態にある成熟オスであること、あるいは捕食者を見たことなどの情報を提示します。それに対して、受信者は、その情報を受け止める行動（反応）をします。つまり有益な情報であるのか、あるいは無視できる情報であるのか、といった判断を行います。

このように、送り手からの適切な情報行動がとられ、受け手が適切なシグナル・媒体に注意を向けて情報を受信し、その情報が理解（情報の共有化）されたときに、コミュニケーションの成立が認められます。この場合、送り手と受け手が交互に入れ替わり、相互の情報の伝達が前提とされます。

コミュニケーションの成立、不成立を左右する要因は何でしょうか?

スミスはメッセージと受意（meaning）を区別することの重要性を主張しています[3]。メッセージとは「送り手に関する何かがコード化されて信号のなかに盛り込まれたものであって、なんらかの形でその個体の状態を示すものであり」、それに対して受意とは「受け手がそのメッセージをどう受け止めるかである」と述べています。つまり、受意は受け手によって大きく異なるものであり、送り手のメッセージとはまったく別のものであり、同じメッセージ信号が異なった状況下では異なった反応を受け手に示させることもあります。

コミュニケーションの利益と不利益

コミュニケーションを行うことの利益と不利益について考えてみます。この場合、先のメッセージと受意を区別することに端を発しています。たとえば、送り手である、オス小鳥がなわばりで「さえずり」によって「メスを惹きつける」メッセージを発信するとします。受け手である、メス小鳥は「さえずり」によってオスに近づいて交尾を受け入れることによって、送り手（オス小鳥）と受け手（メス小鳥）にとって互いに利益がもたらされます。受け手が同種のオス小鳥では占領されているなわばりには立ち入らないでしょうし、他種の小鳥であれば、そのメッセージを無視するでしょう。しかし、受け手が猛禽類（肉食の鳥、ワシ・タカ・トビなど）であれば、送り手（オス小鳥）は捕

食される可能性があり、不利益となり、受け手の利益となります。

送り手から発信されたメッセージに対して、受け手がどのような反応を示すのか？それは受け手が誰であるのか、そのメッセージの文脈（筋道、背景など）によって決まります。

コミュニケーションの情報操作

社会的やりとりにおける情報操作、たとえば誤った情報を意図的に伝えようとする行動が見られます。
ヒナや卵に近づいてくる捕食者の注意をそらすために捕食者に対し、親鳥は「偽り」の行動、いわゆる「偽傷ディスプレイ」を行います。親鳥は羽が折れたように、羽をぎこちなくばたつかせ、自分が傷ついているように見せかけ、捕食者の注意を惹きつけてヒナや卵を救うものです。
「死にまね」は、明らかに個体の生存に有利な行動です。あるヘビは敵が近づくと、積極的に敵をだますために「死にまね」の行動をとり、敵が遠ざかると「生き返り」ます。いわゆるタヌキ寝入りです。

このように、「偽傷」や「死にまね」といった、何かをやろうという意図を持って、送り手が受け手に対して情報を隠蔽し、戦術的にだますメッセージを積極的に発信することがあります。この場合、送り手側に利益がもたらされます。

コミュニケーションの様式

コミュニケーション様式は、コミュニケーションを行う際のメッセージを送る手段によって、言語を用いて行う言語的コミュニケーション（verbal communication）と、言語以外の表情や身体の動きなどを用いて行う非言語的コミュニケーション（non-verbal communication）に大別されます（図4）。

一体、言語とは何でしょうか？

広辞苑によると次のように説明されています。「人間が音声または文字を用いて事態（思想・感情・意思など）を伝達するために用いる記号体系、また、それを用いる行為」とあります。

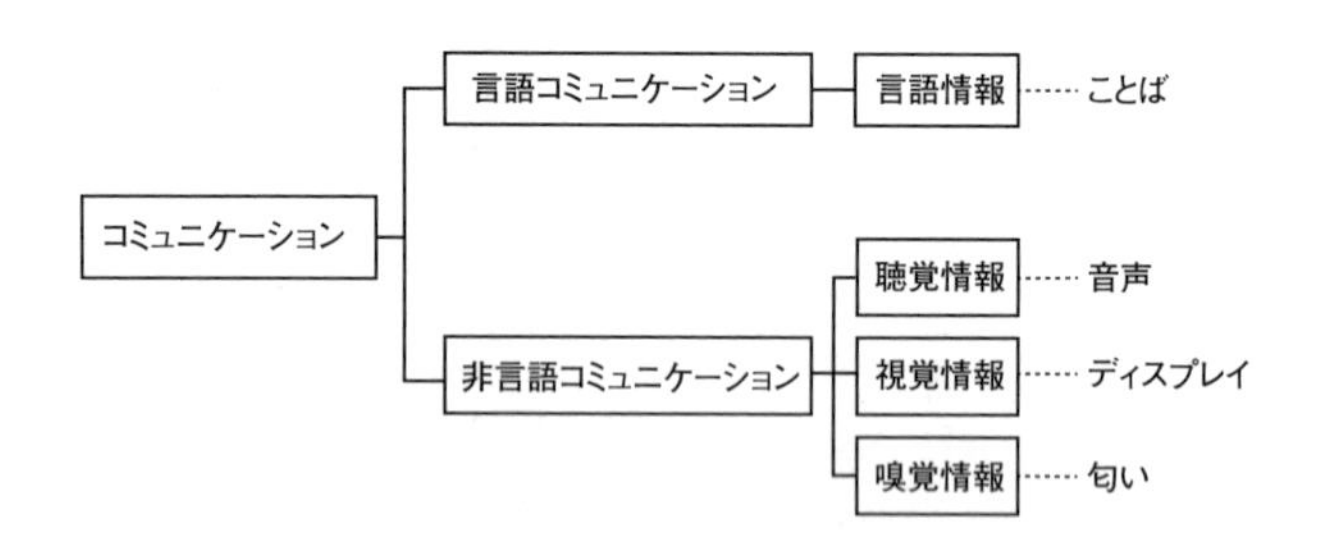

図4　コミュニケーションの様式

では、人間の言語が生まれたのはいつ頃でしょうか？

今から10～15万年前、樹状生活から直立二足歩行へと移り、人類が手でいろいろなものを作り出した頃に、原始的な言語（単語、独立性のある最小単位）が生まれたと考えられています。それまでは、人類は他の動物と同じように鳴き声や身振りによって情報伝達をしていました。つまり、人類も言語が誕生するまでは非言語的コミュニケーションに頼っていたのでしょう。言語が生じた後、日常的な会話、対話（2人あるいは小人数で、向かい合って話しあうこと）において言語的コミュニケーションがとられ、送り手は自分の伝えたいメッセージを受け手に伝達し、受け手がその伝達内容を理解することにより、相互間に情報の共有化がもたらされます。このような対面による会話、対話のコミュニケーション様式(face to face)には、互いに相手方の表情、視線、姿勢、しぐさなど、言語以外のさまざまな情報が伝わり、非言語的コミュニケーションも同時に行われます。

メラビアン[4]は、非言語的コミュニケーションの重要性について述べています。メッセージ全体の印象を100パーセントとした場合に言語内容の占める割合は7パーセント、音声と音質の占める割合は38パーセント、表情としぐさの占める割合は55パーセントという法則を導き出しました。この法則は、対面会話、対話によって伝えられるメッセージの内容の共有化には、言語的コミュニケーションよりも非言語的コミュニケーションによるものが大きいことを示唆しています(図5)。しかし、今日ではインターネットの普及により電子コミュニケーションが発達したことで、言語情報のテキスト部分(電子文)のみ伝達されるようになり、非言語情報の伝達がないがしろにされています(図6)。このようなコミュニケーションツールの科学的技術進歩によって、情報の量および保存期間、情報伝達のスピードおよび可能距離などにおいて、ヒトのコミュニケーションの進化に広がりは見られますが、本来のコミュニケーションである意思疎通の向上につながっているのでしょうか? 考えさせられる問題です。

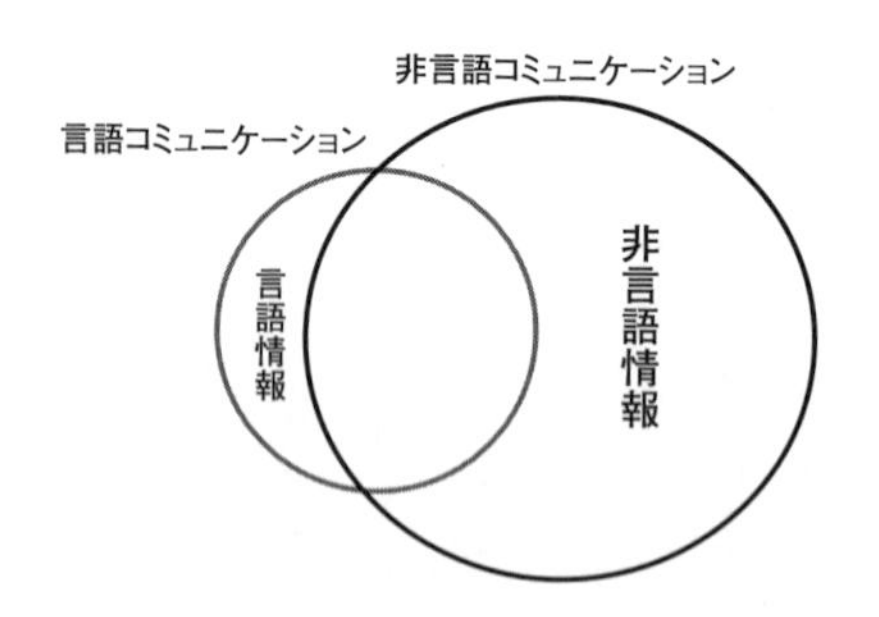

図５　コミュニケーションに占める割合
（メラビアンの法則の図式化）

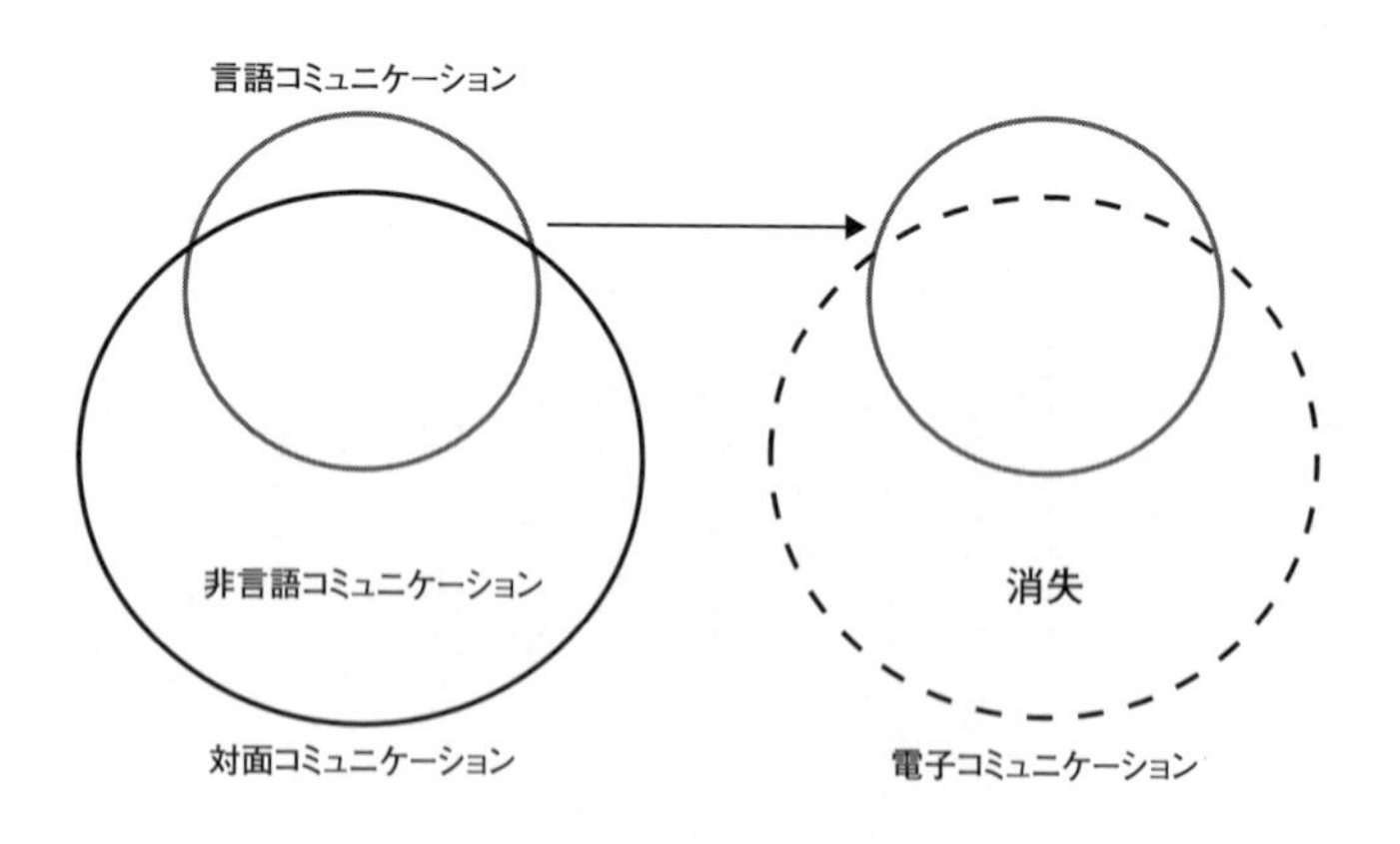

図６　対面および電子コミュニケーションの比較

コミュニケーションの機能

前述のように、動物の社会は2個体以上の集団で成り立ち、相互間のコミュニケーション行為で、その社会は構成されています。社会行動の種類と同じくらい、コミュニケーションの種類も豊富です。動物のさまざまな行動のうち、とくに重要な行動は餌を探索すること、敵から逃げること、巣に戻ること、仲間を探して交配することです。具体例を以下に示します。

1 敵対行動(agonistic behavior)

餌や配偶相手、なわばり(territory)などをめぐる個体間の闘争に「示威(威力を示す。気勢を見せること)ディスプレイ」が見られます。多くの小鳥のさえずりには、なわばりの宣言や求愛の機能が認められています。また、示威ディスプレイに対応し、一方が相手の社会的優位性を認めた場合に示す服従ディスプレイが見られ、その結果、優位な個体が他の個体を受け入れる「友好的ディスプレイ」も存在します。

ところで、誰が闘い、誰が誰に求愛しているのでしょうか? 繁殖の相手を見つけて

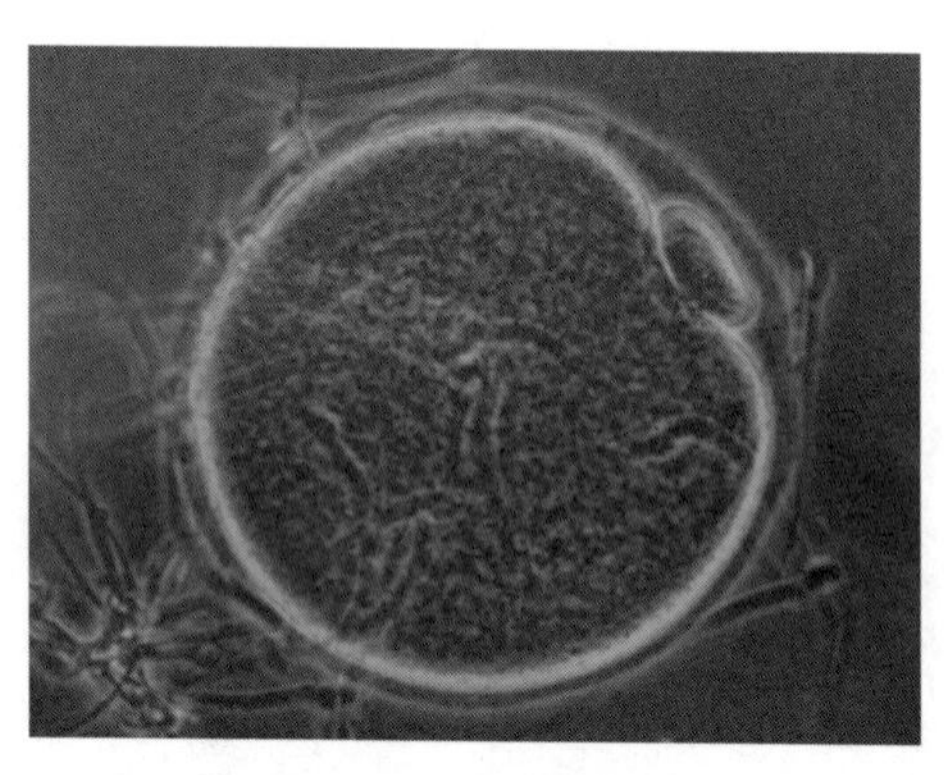

図７　受精における卵子と精子（マウス）

獲得するために闘っているのは、オスであることが一般的に知られています。これを「オス間競争」とよびます。

では、なぜオスが闘い、メスは闘わないのでしょうか？　オスの配偶子（精子）は小さく、作るのに安上がりで膨大な数が生産されます。それに対して、メスの配偶子（卵子）は大きく、大量の栄養物を含んでいるので、生産するのに多くの時間とエネルギーが必要です（図７）。さらに親が子の世話をする際、たいていはメス親が行います。これらの差異が繁殖上の役割、つまり繁殖効率を高めるための戦略と直接的に関連しており、その結果オスはメスの獲得をめぐって他のオスと闘うのです。

2　求愛行動（courtship behavior）

配偶者を誘引して交尾を促したり、つがいを維持し、養育行動を引き出したりするための誇示行動で、体の部位の顕示や特徴的な姿勢、鳴き声、匂いの放出などが見られます。鳥類の飾り羽、トゲウオ類の赤い腹（婚姻色）、鳥類のさえずりなど、オスはさまざまな手段でメスを誘引しようとしますが、これはメスの「選り好み」を引き出すための行動様式とも言えます。

コミュニケーションの進化

動物のコミュニケーションについて、進化的観点から見れば、情報を伝達するということよりも、その情報信号の受け手側の行動を変えることが重要であると考えられています。受け手の行動変化が送り手に有利なものであれば、その信号は自然選択によって進化するでしょう。

ここでは、ダーウィンの2つの性選択説を紹介します。先に述べたように、オスは配偶者の獲得をめぐって、オス同士の競争（オス間競争）が行われます。つまり、シカの

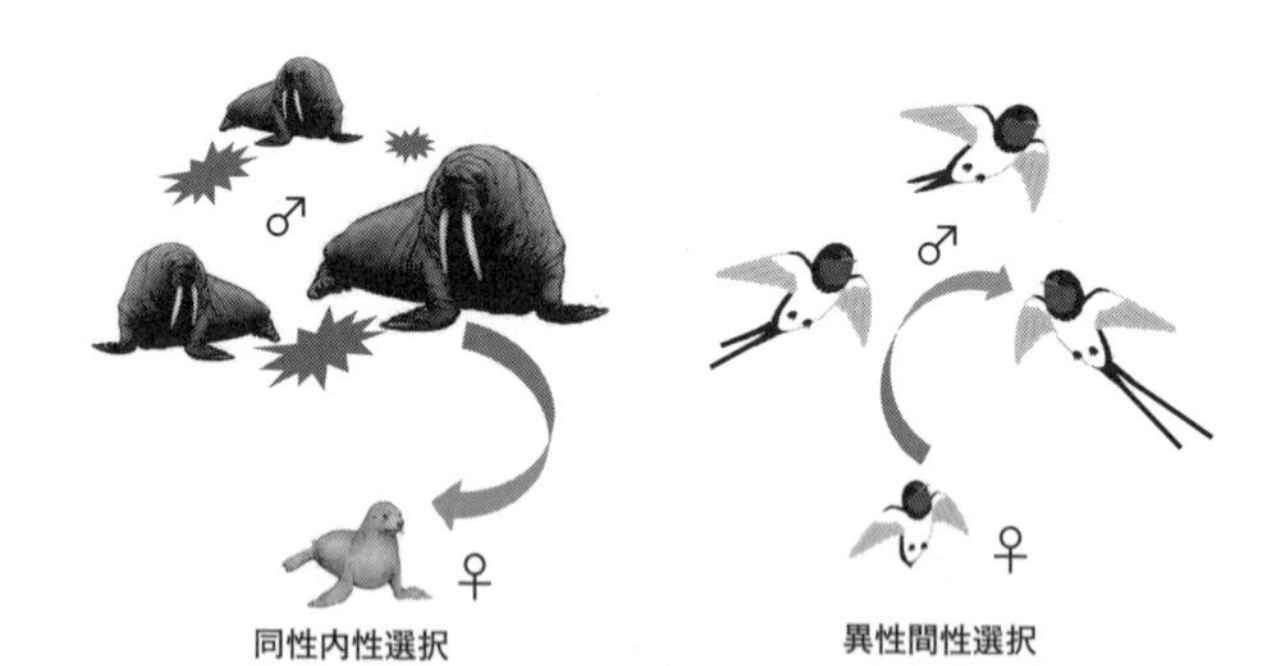

図8　ダーウィンの性選択説
アザラシのオスは配偶者の獲得のため、オス同士の闘いで体が大きく進化する。ツバメのオスの尾羽は配偶者の選り好みにより長く進化する。

角やアザラシの大きな体や鋭利な牙など、これらの武器がオス間競争に使われ、その闘争に有利にはたらくため、オスの間で進化するという「同性内性選択」です。もう1つは「異性間性選択」とよばれ、直接的なオス間競争でなく、オスからメスへの求愛とメスによる配偶者の選択です。トリでは、オスは派手な色をしていて、メスは地味な色をしている種、またオスは長い尾羽を持つ種が多くいます。メスはより美しい尾羽や、より長い尾羽を持つオスを選り好みします。つまり、メスの選り好みの場面で、これらのディスプレイは有利にはたらき、その結果、オスの間で進化すると考えられています（図8）。

では、なぜ派手な色、尾羽の長いオスがメスに選ばれるのでしょうか？

派手な色は捕食者に狙われやすく、長い尾羽は闘争の武器にもならず、かえって生活上の妨げになります。しかし、このようなハンディキャップがあるにもかかわらず、オスが健康な生体を維持できているという質的な高さをメスが選んでいると考えられています。また、オスの尾羽の長さは寄生虫の少なさの指標になっています[5]。

異性間選択によって、進化した形質は「誇張された形質」です。クジャクのオスの尾羽やシカの角などの誇張された形質は際限なく進化し続けるのでしょうか？　ダーウィンの性淘汰理論によると、性によって誇張された形質は、ある段階で止まります。それは、性による選択と生存を懸けた自然選択の強さとのバランスで制限されるからです。

神経細胞間コミュニケーション

体には神経系が張りめぐらされ、巨大な情報ネットワークが作り上げられています。中枢神経系（脳と脊髄）と、からだの各部を結ぶ末梢神経系がさまざまな情報や指令を受け取り、そして伝えているのです。そのネットワークにより、視覚、聴覚、触覚、味覚、嗅覚といった、いわゆる感覚として感知される外部情報だけでなく、感知されない体の

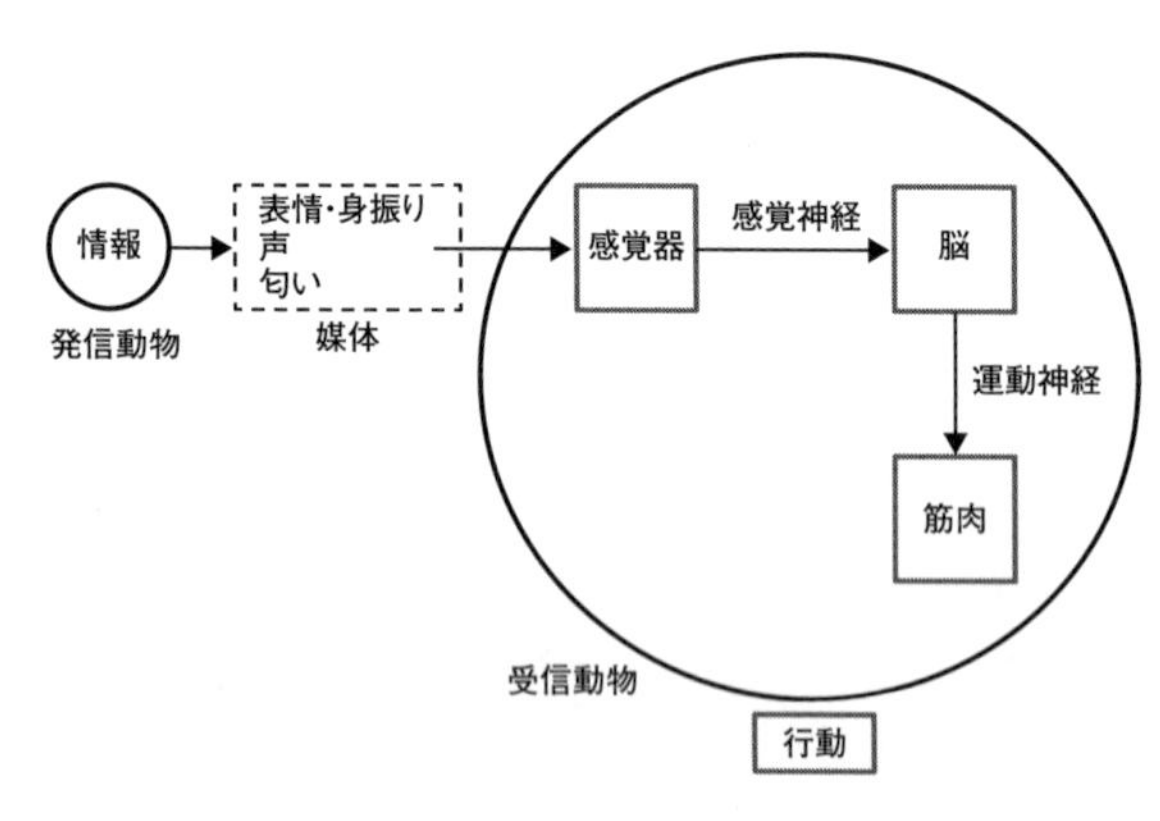

図９　動物のコミュニケーションの神経機構

内部の情報も脳に届けられます。脳は届けられた情報を統合して末梢の組織に送ります。たとえば、捕食者があらわれ、脳が危険と判断したときには、危険を避けるための行動を起こすように四肢の骨格筋を動かすように命令を送ります（図９）。

神経系のネットワークは「ニューロン（neuron）」という神経細胞のつながりで、情報の伝達や処理が行われます。１つの神経細胞は、細胞体とそこから伸びる1本の長い突起（軸索：axon）と数本の突起（樹状突起：dendrite）からなり、これをまとめてニューロンとよびます。軸索は他のニューロンに情報を伝え、樹状突起は他のニューロンから信号を受け取ります。このニューロンの連絡場所をシナプス（synapse）と言い、シナプス間隙というすきまがあります。信号

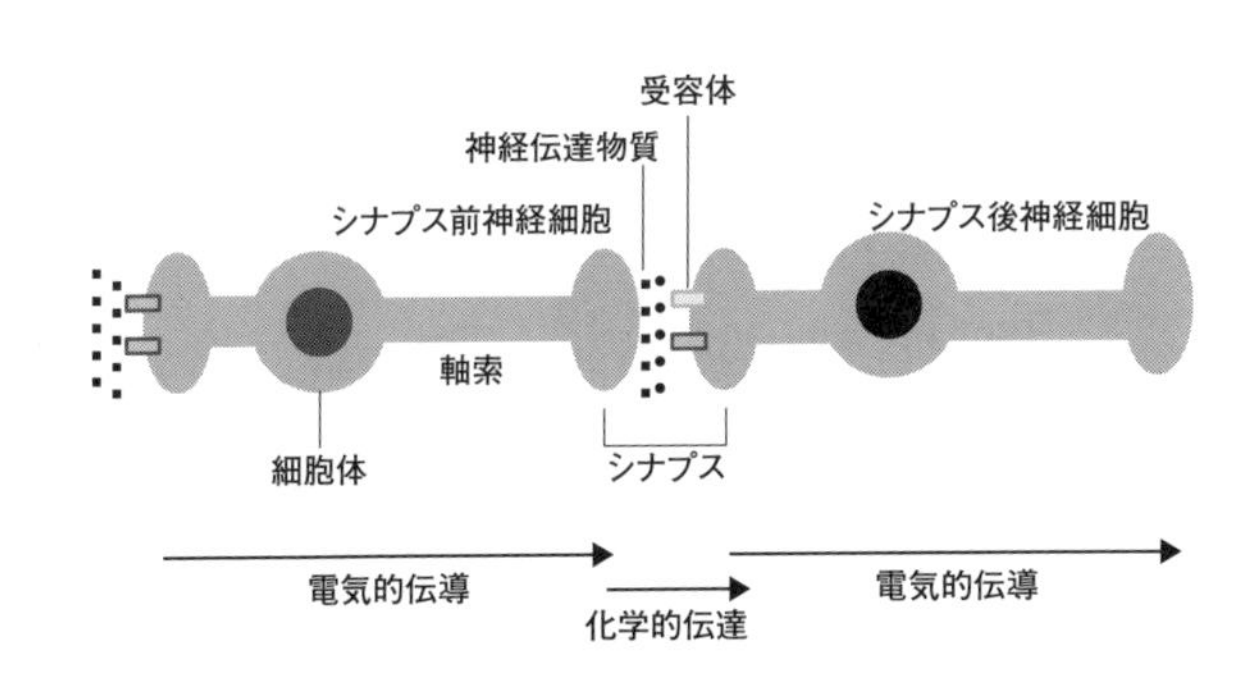

図10　神経細胞間の情報の伝達のしくみ
神経細胞は電気的信号とさまざまな神経伝達物質によって、次の神経細胞へ信号を伝える。

を伝える側のニューロンの先端（終末）には、神経伝達物質である化学物質を貯えた小胞があります。興奮の信号（活動電位）がニューロンの終末に達すると、小胞のなかの神経伝達物質がシグナル媒体としてシナプス間隙に放出されます。すると、それが引き金となって受け取る側のニューロンが興奮し、そのニューロンの役割に応じた神経作用が生じます（図10）。つまり、神経細胞内では情報の伝達は電気的に行われ、次いで神経細胞同士では神経伝達物質によって行われています。前者を神経伝導、後者を神経伝達とよびます。まさに、これは神経細胞間のコミュニケーションと言えます。

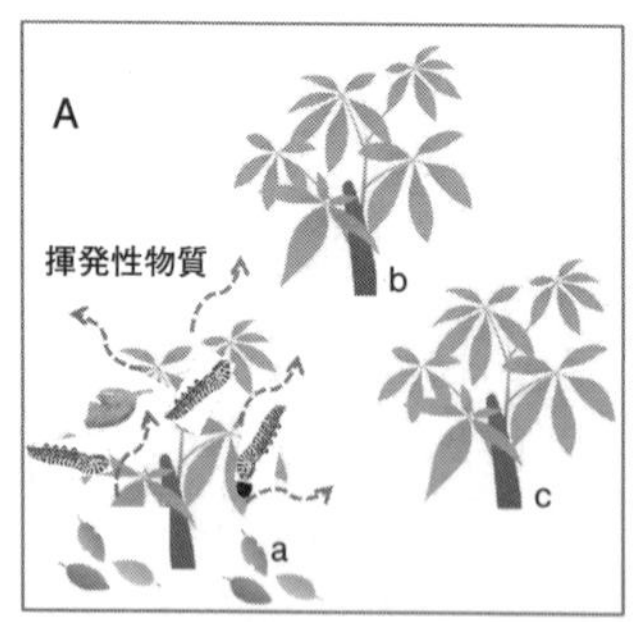

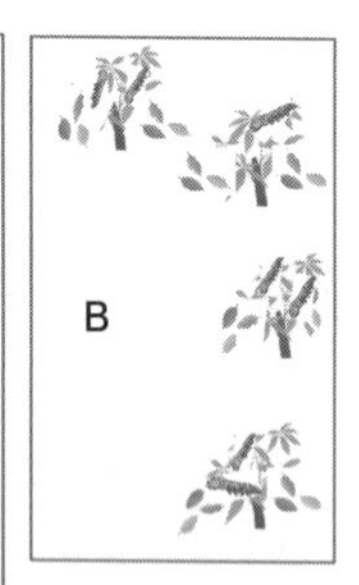

図 11　植物の誘導防衛反応とコミュニケーション
A エリアの a 植物が昆虫の被食を受けると、被食個体に近い b、c は食害が少ないが、遠い B エリアの植物には食害が多くなる。

植物も、動物と同じように、外界から隔離された状態で生存することはできないため、他種や同種の他の個体と常になんらかのコミュニケーションを行っていると考えられています。

植物は動物のように動くことができないことから、生き延びるための不思議な戦略を発達させました。

植物は、漫然と食べられているのでしょうか？植物が草食性の昆虫や動物の食害を受けると、さまざまな化学物質（防衛物質）を放出することが知られています。防衛物質とは昆虫などにとっての毒物です。食害を受けた組織の周辺の細胞内で合成された揮発性有機化合物（volatile organ compounds：VOCs　ジャスモン酸メチル、サリチル酸メチルなど）が空気中に放出され、近隣の植物個体の新たな防衛反応を誘起すると考えられています（誘導防衛反応）[6-9]（図11）。つまり、被害個体（送り手）の情報は「VOCsシグナル」を介して近隣個体（受け手）へ伝えられ、近隣個体も昆虫からの被食を未然に防いでいるのです。実に、これは植物間コミュニケーションと言えます。

おわりに

先に述べたように、ヒトをはじめ、動物の社会が成立するには、情報の伝達、すなわちコミュニケーションが必要です。情報伝達には信号による送り手と受け手が存在します。送り手がメッセージを伝える場合、信号の送り手側が特殊な器官を使うことは少なく、反対に受け手側が、異なる様式の信号を受信するために、特殊化された感覚器官を用いています。動物のコミュニケーションには、光、音、超音波、匂い、フェロモンなどの信号が用いられていますが、このなかにはヒトではまったく受信できない信号も含まれています。

次章からは、視覚信号、聴覚信号および嗅覚信号によるコミュニケーションについて、詳しく見ていきます。

参考文献

1 Shannon C E & Weaver W : The Mathematical Theory of Communication. Urbana, University of Illinois Press, 1949.
2 Osgood C E & Sebeck T A : Psycholinguistics, A Survey of Theory and Research Problems, Indiana University Press, 1965.
3 Smith W J : American Naturalist, 99: 405-409, 1965.
4 Merabian A : Psychol. Today, 2: 53-55, 1968.
5 Moller A P : Evolution, 44: 771-784, 1990.
6 Dolch R & Tscharntke T : Oecologia, 125: 504-511, 2000.
7 Karban R, et al. : Oecologia, 125: 66-71, 2000.
8 Ton J, et al. : Plant J., 49: 16-26, 2007.
9 Karban R, et al. : Ecology, 87: 922-930, 2006.

第2章

視覚信号とコミュニケーション

はじめに

動物のコミュニケーションの最も明らかな形は、進化の過程で誇張された行動様式です。これは「誇示（ディスプレイ：display）」とよばれています。つまり、動物が他の個体に対して、体の色彩や特定の部分を強調して示す姿勢や動作のことです。これらの信号により、同種であることを認知したり、発情などの生理的状態を伝えたりしています。

威嚇や防衛を表す行動、求愛時に見られるディスプレイ、とくにサルで見られる複雑な顔の表情なども視覚信号です。

最初に、視覚信号を受け取る感覚受容器について見てみましょう。

視覚器の形態と機能

1 哺乳類

眼球は、光によってもたらされる外界の像を受容する視覚器です。実際の光を感じ

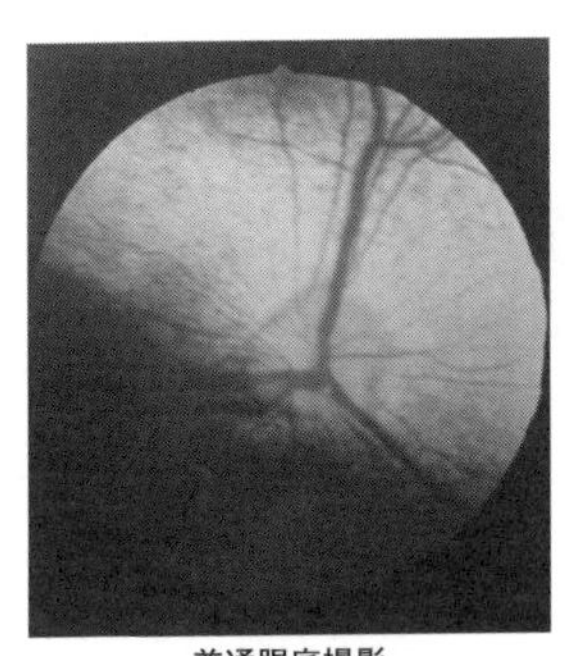
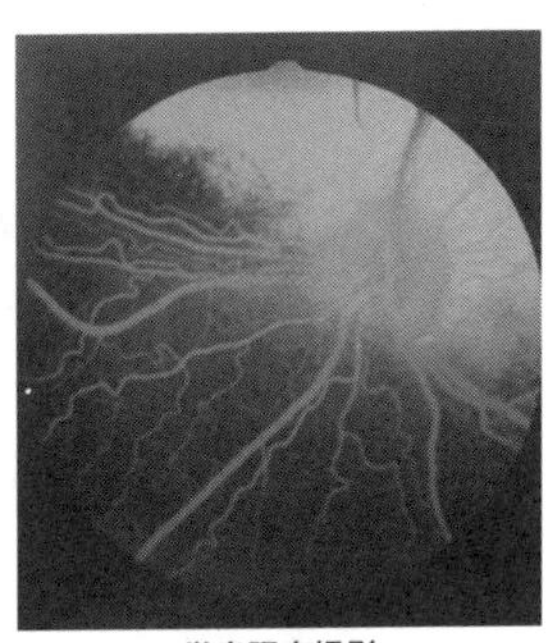

普通眼底撮影　　蛍光眼底撮影

図1　イヌの眼底（高橋原図）
脈絡膜壁紙（輝膜）が光って見られる。

るのは網膜で、網膜に到達した光は視細胞に受容されます。視細胞には明所で色を感じる錐体細胞と暗所で弱い光を感じる杆体細胞が存在しています。どのくらいの光があれば像として捉えることが可能なのでしょうか？　それは眼球の集光能力と網膜の杆体細胞の密度に依存しています。集光能力は眼球の大きさに依存します。たとえば、暗闇で狩りをする肉食目のオオカミ（イヌ）やネコは相対的に眼球が大きく、さらに眼底に輝膜（タペタム）（図1）とよばれる反射鏡のような脈絡膜壁紙があり、眼球に入射する光を効率よく網膜に送ることができます。暗闇で眼が光るのは輝膜があるからです。ネコはさらに、網膜の杆体細胞の密度が網膜1平方ミリメートルに40万個と、ヒトの10万個に比べて非常に高いことがわかりま

図2　鳥類の視点
鳥は一度に２か所に焦点を合わせることが可能である。

す。一方、網膜の中心窩（中心視力を司る視力に最も大切な部分）における錐体細胞の密度は、ヒトでは1平方ミリメートルに15万個ですが、ネコでは2万個しかなく、しかもヒトの錐体細胞には青、緑、赤色の3種類の波長にそれぞれ敏感な細胞がありますが、ネコでは青と緑の2種類の細胞しかありません。イヌは色盲と言われていましたが、最近ではネコと同じように、青と緑に感応する錐体細胞のあることがわかっています。

2　鳥類

鳥類の視覚の世界は、ヒトより非常に豊かであると言われています。前述の中心窩は哺乳類では1つですが、鳥類では2つ（中央中心窩と側中心窩）あります。この2つの中心窩で、鳥類は地面の餌をついばみながら、同時に天敵（捕食者）にも注意を傾けているのです（図2）。鳥類には4種類の錐体細胞があり、ヒトより繊細な色覚を持っていると考えられています。鳥類の色世界は細かく色分けされているに違いないでしょう。

3 魚類

魚眼の構造は基本的には哺乳類と共通していますが、いくつかの違いがあります。ほとんどの魚類は眼瞼（まぶた）を持っていません。水晶体は球形で、水中では水晶体の前後の移動によって遠近調節を行っています。遠方を見るために水晶体を後方に動かし、反対に前方を見るために水晶体を前方に動かす機能を備えています。虹彩はグアニンの沈着により銀色を呈しています。錐体細胞のはたらきにより、色の識別能力は優れていると考えられています。深海魚などは杆体細胞が発達しており、わずかな光でも反応すると言われています。

4 昆虫

節足動物門（図3）に分類される昆虫の体は頭部、胸部、腹部の3つに大きく分かれ

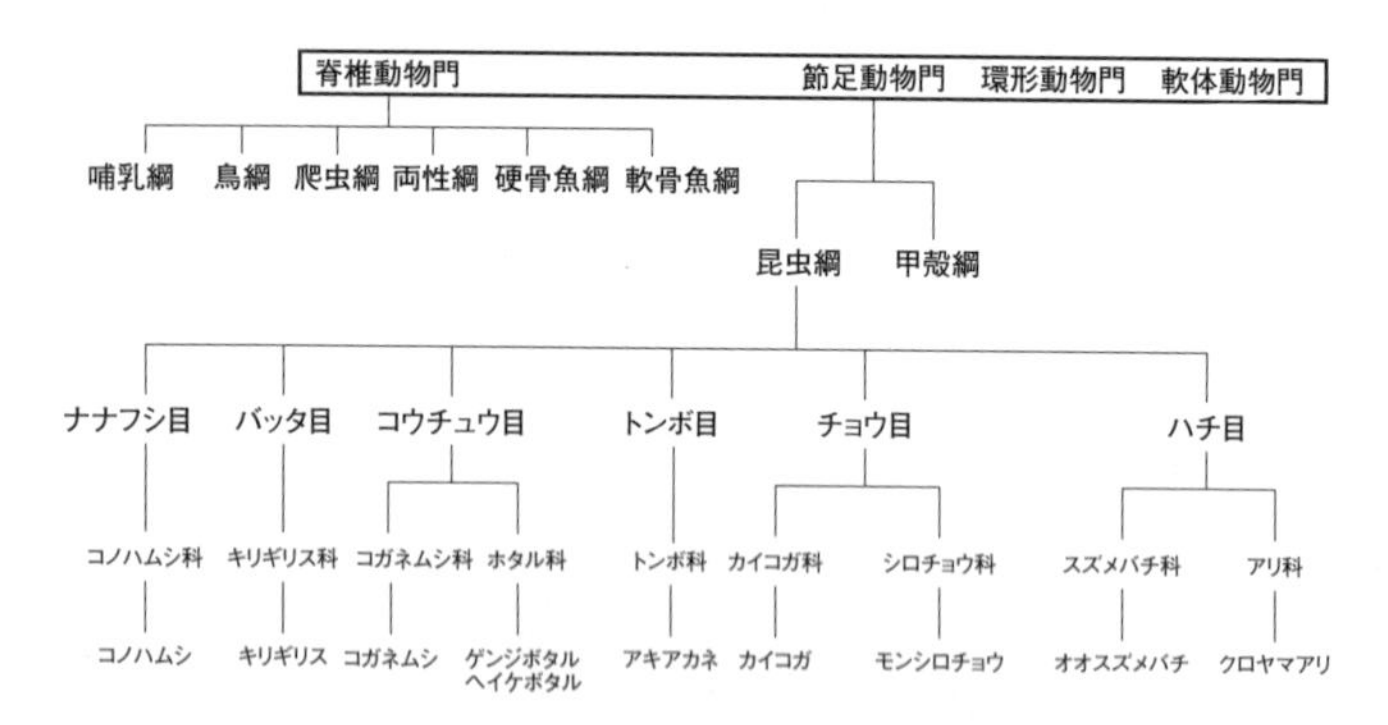

図3　おもな昆虫の生物分類群（小松原図）
衛生害虫であるゴキブリ目、ハエ目、ノミ目なども含まれる。

ています（図4）。

昆虫の視覚器は、頭部にある複眼とよばれる個眼が蜂の巣のように集合した器官です（図5）。昆虫だけでなくエビやカニの仲間の甲殻類も複眼を持っています。集合する個眼の数は飛翔する昆虫に多く見られ、イエバエの2千個、ミツバチの3〜8千個、トンボの3万個となっています。個眼は六角形や五角形、または円形をしており、すきまなく並んでいます。複眼の利点としては視界が広いことが挙げられます。さらに、発達した複眼はそれ自体が球面の一部をなし、物体に向き合う方向を頭や眼を動かすことなく見ることが可能となります。また、物体の少しの動きに対して複数の個眼で捉えられることにより、大きな動きのように見え、狩りや外敵の襲来の際に役立ってい

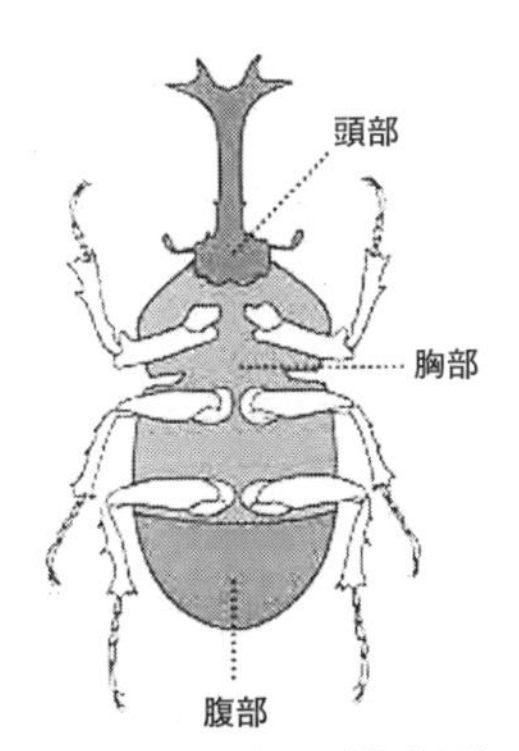

図4　昆虫の体制（模式図）
体は頭部、胸部、腹部の３つに分かれ、頭部には口、複眼（単眼）、触角、胸部には３対の脚、２対の翅、腹部と胸部には気門がある。

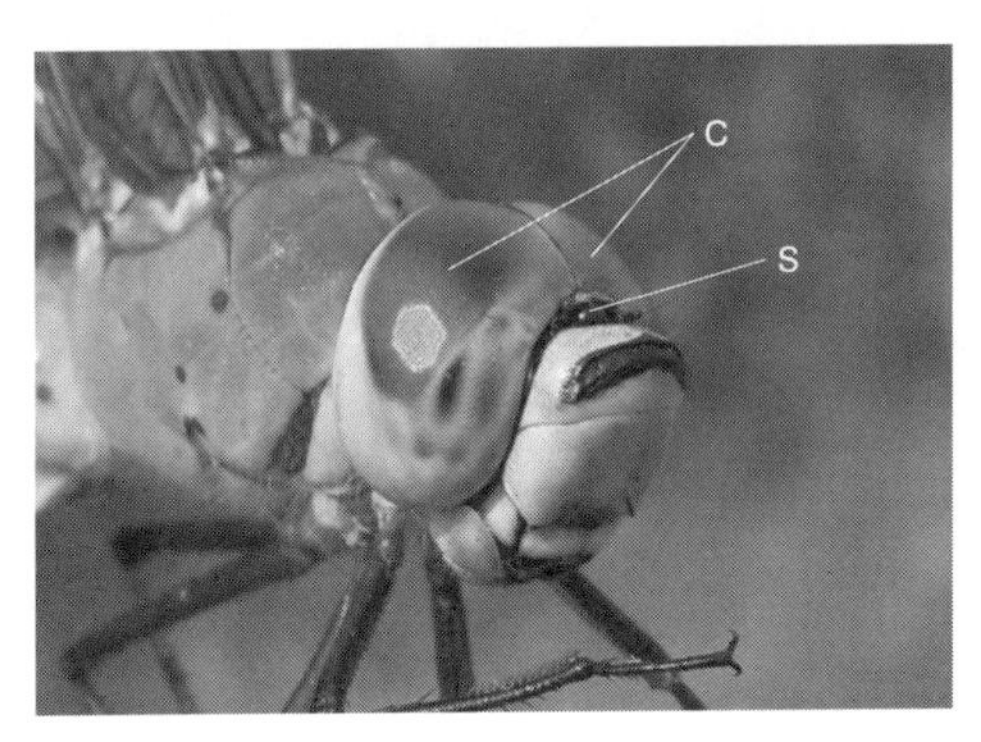

図5　ギンヤンマの複眼（C）と単眼（S）（岩崎原図）
ヤンマ科のトンボ。緑色をした腹部の基部は青色を呈し、残りは黒褐色で淡色の斑紋がある。メスの腹部の基部は黄緑色。体長約７cm。

ます。

さらに、上記の昆虫は単眼も持っています。単眼は視細胞の集まったもので光感知（明暗視覚と方向視覚）のみに使われているためピント調節能力が備わっていませんが、複眼よりも視覚情報が瞬時に脳まで到達するという特徴があります。ミツバチは単純に光を感じる単眼で、「ミツバチのダンス」（フリッシュの研究成果、1973年ローレンツらとともにノーベル生理・医学賞受賞）で太陽の位置認識を行っています。つまり、単眼が太陽光の偏光（一定の方向だけ振動する光波、すなわち直線偏光）を感知することによるものです。これらの昆虫が高い飛行能力を持つのは単眼と複眼の性質をうまく利用して体の向きを調節しているからだと考えられています。

視覚信号の種類と特色

1　擬態（mimicry）

生物が他の生物や無生物などとそっくりの形や色彩などに化ける行為を「擬態」と言います。その行為者である擬態生物が第三者をだまし、自らの生存上の利益を得ていま

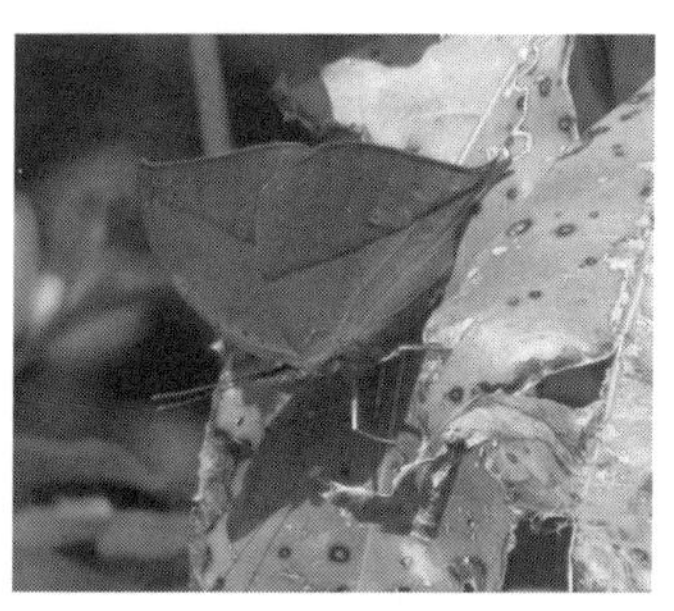

図6　コノハチョウ（岩崎原図）
タテハチョウ科のチョウ。大形で、翅の表面は黒褐色・青藍色の光輝を放ち、前翅中央に橙黄色の広い斜めの帯があり、美しい。裏面は枯葉に似るので、擬態の一例。

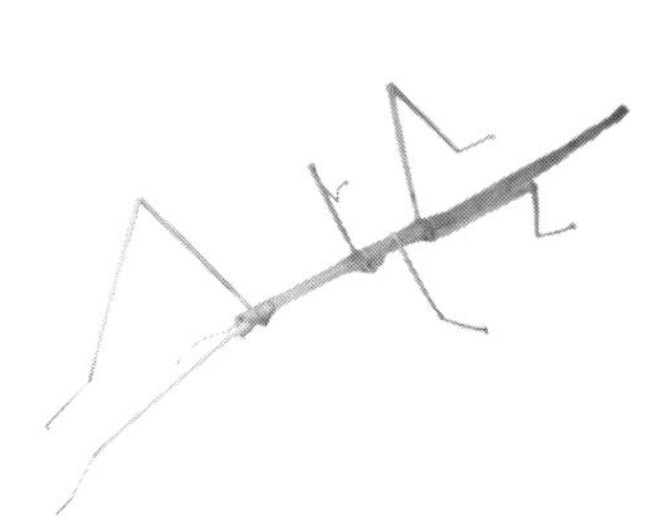

図7　ナナフシ（倉田原図）
体も脚も細長く、全身茶色または緑色を呈し、草木の枝によく似る。

す。この第三者とは誰でしょうか？　だまされる者で、つまり多くの場合、擬態生物にとっての捕食者であり、また被捕食者でもあります。このような擬態は「隠密擬態」とよばれ、かなりの種の昆虫が行っています。植物の葉に姿を似せるバッタ、キリギリスやコノハチョウ（図6）、木の枝に似せるナナフシ（図7）など、天敵である爬虫類や鳥類から身を隠しています。究極の擬態昆虫としては、ナナフシの一種であるオオコノハムシで、木の葉そのものに巧妙に似せて、昼間は動かずに静止状態を保っていますが、夜になると採食（葉）のために動き始めます。また、植物に似せるものばかりでなく、河川敷や海岸に生息するヤマトマダラバッタやカワラバッタ（図8）

図8　カワラバッタ（岩崎原図）
バッタ科。体長はオス 25mm 内外、メス 35mm 内外。体は灰褐色。後翅は青みを帯びた透明で、基部は青みが強く美しく、中央部に広い黒色帯がある。

図9　アリグモ（岩崎原図）
クモ綱クモ目ハエトリグモ科。体長約 7 mm。体は黒褐色ないし赤褐色で、全体の形がアリに酷似する。網を張らず、樹上を歩き回って昆虫を捕食する。

などは、地面そっくりの色や模様に似せています。色彩だけを似せている場合は「保護色」ともよばれています。

昆虫以外にも隠密擬態を示す動物は多く見られています。クモ類の仲間にはアリに擬態するアリグモが昆虫を捕食しています（図9）。タコやイカは周囲の環境に合わせて体表の色素胞を拡大・縮小し、瞬時に体色を変えています。タコの一種、ゼブラオクトパスは体を変形して15～16種の動物（ウミヘビ、ミノカサゴ、アカエイ、クモヒトデ、イソギンチャク、シャコなど）に擬態すると言われています。リーフフィッシュ（コノハウオ）という淡水魚は、その名の通り水中の枯れ葉のように擬態し、餌となる小魚などに気づか

図10 ヨタカの隠密擬態（倉田原図）
全身灰褐色。口は大きく扁平。昼間は樹枝上に眠り、夕刻から活動して虫を捕食する。

れないように、ヒレを少し動かし、木の葉が浮遊しているような泳ぎで被捕食者に接近し、タイミングを見計らって捕獲することで知られています。アンコウやカレイ、ヒラメ類は海底の砂地に擬態します。ツチガエルは地面、ミツゾノコノハガエルやコノハヤモリは枯れ葉にそれぞれ擬態します。夏鳥として渡来するヨタカ（図10）は、その名の通り夜行性で、昼間は樹枝上で眠っているため、木の枝に似せて、外敵から身を隠しています。

植物にも、ハチのメスに似せた花でオスバチを勧誘するラン科植物などの擬態が知られています。

図 11　ネコの威嚇（櫻井原図）
背を丸め体毛を逆立て、相手に対して大きく見せようとするディスプレイ。

2　ディスプレイ（display）

「ディスプレイ」とは、物品などの展示や陳列、コンピューターの出力文字や図形などの情報の表示などを意味することばとして日常的に使われていますが、生物学用語としてはどのような意味合いを持つのでしょうか？

動物は威嚇や求愛の際に、相手に対して自分の体を大きく見せ、自身の目立つ特徴、たとえば体の色彩や特定の部分（肉冠、頸、尻、尾羽など）を強調して示す姿勢や動作などを行います。この行動様式がディスプレイ、あるいは誇示行動とよばれています。

（1）威嚇ディスプレイ

威嚇ディスプレイは、実際の攻撃行動ではな

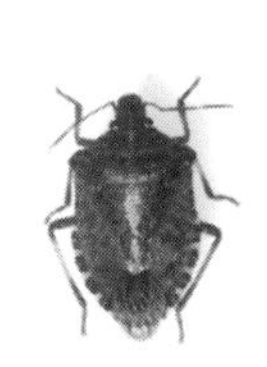
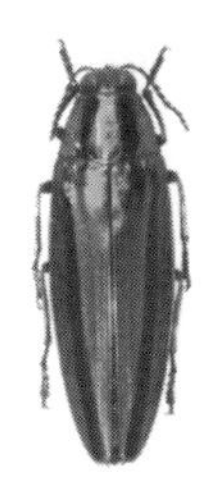

図12　クサギカメムシ（左）とタマムシ（右）（倉田原図）
クサギカメムシ：カメムシ目カメムシ科。体長13～18mm。体は暗褐色で、黄褐色の不規則な点紋を持つ。カメムシ臭という強い悪臭を出す。
タマムシ：コウチュウ目タマムシ科。体長25～40mm。体は細長い紡錘形。背面は比較的平らで腹面は強くふくらむ。全体金属光沢のある金緑色。なかには悪臭を出すものが多い。

く、その行動に類似した姿や様子を見せつけ、相手を脅かすことで自らの体を守るために自らの力を誇示するディスプレイのことです。自らの体、またはその一部を大きく誇示したり、毒などの武器を持っていることを顕示したりします。たとえば、イヌやネコなどでは、歯を剥き、耳を後ろに倒し、毛を逆立てるような威嚇行動が見られます（図11）。昆虫も、威嚇時に脚を踏ん張り、翅を広げます。

チョウの仲間では体内に毒を持つもの、またカメムシ、タマムシのなかには不快な臭気を出すものが多く見られます（図12）。このような昆虫は、捕食者である鳥類などに対して、自分には毒があり、臭気があることを誇示するために、明らかに目立つ色彩と模様を持ち、他の動物への警告的な

図13　カバマダラ（左）とツマグロヒョウモン（メス）（右）（岩崎原図）
カバマダラ：チョウ目、タテハチョウ科。成虫の翅は全体的にオレンジ色で、体は細く、黒地に白の水玉模様。体内に毒を保有しており、その危険性を知らせるために、ゆるやかに飛翔する。
ツマグロヒョウモン：チョウ目、タテハチョウ科。メスは前翅の先端部表面が黒地で白い帯が横断し、ほぼ全面に黒色斑点が散る。オスの翅の表側は典型的な豹柄だが、後翅の外縁が黒く縁取られる。

表1　おもな動物の警告色

昆虫類
アシナガバチ・スズメバチ：黄色と黒の派手な縞模様の警告色で、捕食者から身を守っている。

魚類
ミノカサゴ：背ビレ、尻ビレなどのトゲに毒があり、体やヒレに目立つ縞模様がある。この縞模様で天敵に警告する。

両生類
アカハライモリ：背中に毒腺を持ち、腹が赤や黄色を呈し、外敵が近づくと体を反転して四肢を上げて腹の色を見せて警告する。
ヤドクガエル：神経毒を持つ。黄、赤、緑色の地に黒や紫紺色の斑点や帯を持つ、美しいカエルである。この体色を誇示して捕食者に警告する。

爬虫類
サンゴヘビ：有毒ヘビで、色環模様（黄、赤、黒色などの環の組合せ）を持ち、これが警告色となる。

鳥類
ピトフィ（和名モリモズ）：鳥類で唯一毒（アルカロイド系）を持つ。赤や茶色と黒の組合せの体色は、猛禽類に対する警告色と考えられている。

信号（警告色）となっています。つまり、警告色はおもに有毒生物に見られる色彩であり、捕食者（外敵）など自分に害を及ぼす他の生物に対する警告の役目を担っています。「虎の威を借る狐」とは、有力者の権勢をかさに着ていばるつまらぬ者のたとえです。それに近い現象が昆虫の世界にも見られます。たとえば、無毒なツマグロヒョウモンが有毒のカバマダラに擬態します（図13）。そっくりなのは姿だけでなく、その飛び方までカバマダラに似ていると言われています。

表1に警告色を持つ代表的な動物を示します。

（2）偽傷・偽死ディスプレイ

「偽傷」とは地上に営巣する鳥類、たとえばチドリ類、キジ類、カモ類に見られる一種の利他的行動で、敵をはぐらかすディスプレイです。たとえば、外敵が巣に近づくと、親鳥はまず巣から離れて、そこで翼（鳥類の前肢が飛翔用に発達したもの）を骨折して飛べないような目立つしぐさをし、敵の注意を卵や雛からそらせ、遠くへおびき出す行動をとります（図14）。利他とは自己を犠牲にして他に利益を与えることです。このように、親鳥は自分を犠牲にしてまで卵や雛を守っているのです。

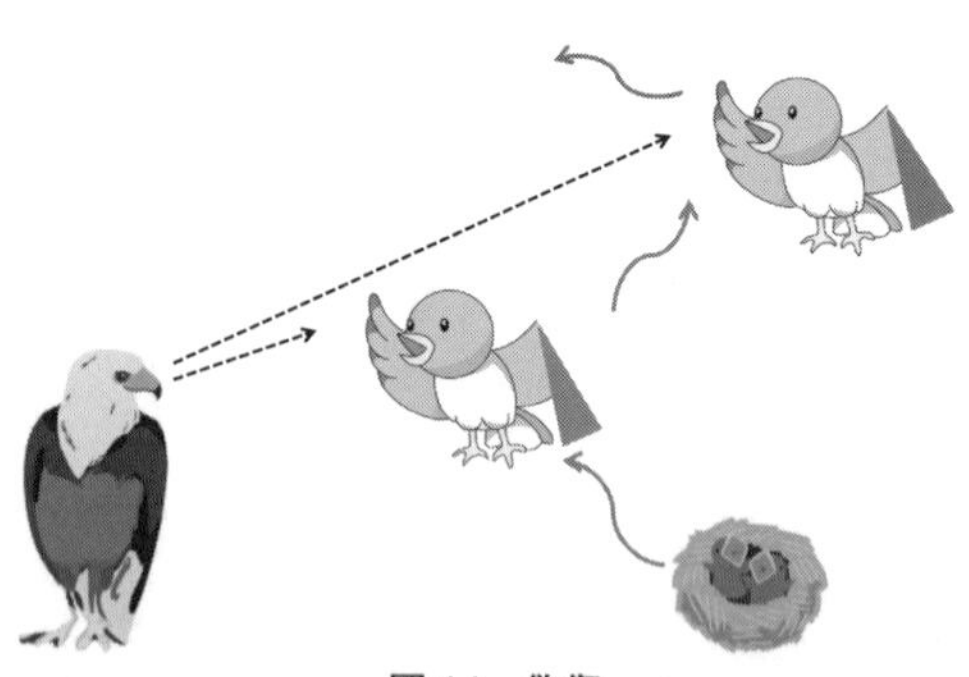

図 14　偽傷
親鳥は翼が折れたように振舞い、猛禽類の注意を自分のほうに向けさせ、雛から遠ざけて守る。

「偽死」とは「死んだふり」、「死にまね」のことです。外敵に襲われた動物は急に動かなくなって、あたかも死んだような姿勢を示します。「不動化」は捕食者の目から逃れることができます。偽死を行う動物には、昆虫でナナフシ、カメムシ、フタホシコオロギ[1]（バッタ目）、コガネムシ、ゾウムシ、タマムシ、コクヌストモドキ[2]（コウチュウ目）、ヒオドシチョウ（チョウ目）（図15）、昆虫以外ではクモ、カエル、ブタハナヘビ、タヌキ、アナグマ、オポッサムなどに見られています。

（3）求愛ディスプレイ

配偶者を誘引して生殖行動を引き出すための誇示行動を「求愛ディスプレイ」とよんでいます。

図15 ヒオドシチョウの擬死（岩崎原図）
タテハチョウ科のチョウ。開張約7cm。翅の表面は橙赤色で黒班あり、外縁は暗褐色で、黄褐色と青色の2条がある。

①哺乳類

マカク属（アカゲザル、カニクイザル）、ヒヒ属などの霊長目のメスでは排卵の直前になると血中エストロゲンの上昇によって性皮（外部生殖器付近の皮膚）の紅潮、腫脹が見られます。アカゲザルにおいては、発赤腫脹が性皮のほかに、尾根部、大腿部、前額部にも見られることがあります。この腫脹は、オスに対してメスの排卵が近いこと、すなわち、交尾によって妊娠が可能である状態にあることを知らせる性的ディスプレイです。

②鳥類

鳥類における代表的な存在はクジャクです。オスのクジャクは繁殖期になって、自分のなわばりの近くにやってきたメスに対して青と緑の目玉模

図16　クジャクの求愛行動（Tiki Gardens, Florida, USA）
メスへの求愛行動で色鮮やかな飾り羽を扇形に広げてダンスを行う。

様の羽を扇状に広げて「求愛ダンス」を行います（図16）。メスはオスからの求愛ディスプレイを受けて、目玉模様の数の多いオスを交尾相手として選びます。ちなみに、最近、クジャクと同じように求愛ダンスをするクモ（クモ綱クモ目ハエトリグモ科）（図17）の新種が発見されています。オスは交尾相手のメスに対し、何通りもの動作や体の部位を誇示します。メスはオスの求愛ダンスに魅了されるそうです。

また、東アフリカの草原に生息しているコクホウジャクというトリのオスは地味な色彩ですが、繁殖期になると尾羽が非常に長くなって目立つようになります。人為的にオスの尾羽の長さを変えてメスの選択性を調べたところ、尾羽を長くしてもらったオスは尾羽を短くされたオスに比べて、

図17　ハエトリグモ（倉田原図）

クモ綱クモ目ハエトリグモ科。体長2～20mm。灰色・緑色・黄褐色などで腹部にさまざまな模様がある。前方中央の2つの眼は大きく発達。網を張らず、巧みに跳び、ハエなどを捕食する。

メスを最も多く惹きつけたのです。

　トリのなかには、巣などの建造物を色彩豊かに作り、メスにアピールするオスがいます。アオアズマヤドリのオスは光沢のある青色の羽を持っていますが、メスは地味な茶色です。オスのアオアズマヤドリは求愛のための舞台装置として、地面に小枝をさして「あずまや」を作ります。さらに、オスはおもに青い装飾品（花びら、他のトリの羽、カタツムリの殻、昆虫の翅など）を集め、あずまやの周り（前庭）を飾ります。メスはその「あずまや」などを眺め、なかに入ってみて気に入るとオスの交尾に応じます。つまり、「あずまや」の前庭に置いてある飾りの量や質は、メスを惹きつける装飾品として非常に重要なものなのです。

図18 イトヨの婚姻色（↑）
オスは繁殖期になると腹部が赤くなる。

③魚類

グッピーのオスは派手な体色をしており、オスは尾鰭を振りながら求愛ディスプレイを行います。メスはそれを見てオスを選びます。オスの尾鰭にある赤い斑点が多いほど、メスによく選ばれます。

イトヨ（背に棘があることからトゲウオとして知られている）のオスは、繁殖期になるとなわばりを作り、腹部が赤くなり「婚姻色」とよばれる体色を示すようになります（図18）。オスはメスに対して、赤い腹部を見せながらジグザグダンスを行うことでメスに求愛します。婚姻色が鮮やかなオス個体ほど、メスに好まれます。サケ、アユ、オイカワ、ウグイなどのオスの体側や腹部にあらわれる鮮やかな色彩やイモリのオスの尾部に生じ

図19　シリアゲムシ（倉田原図）
シリアゲムシ目シリアゲムシ科。ややウスバカゲロウに類似し、体長約2cm。オスの尾端にはさみがあり、常に尾端を上に曲げる。

る紫色なども婚姻色です。

④昆虫

ホタルは特殊な発光器官を持つ夜行性の昆虫です。ルシフェリンという発光物質がルシフェラーゼという酵素とATP（アデノシン三リン酸）のはたらきによって発光します。各種に固有の光の点滅間隔によってオス、メスで惹きつけ合い、交尾を行います。オスとメスでは点滅パターンに対する異なった応答パターンを示すことが知られています。一方、メスだけが発光し、発光しないオスが誘引される種もいます。

「結納」とは、婚約の印に婿方から嫁方に礼物を贈ること、またはその礼物のことです。ガガンボモドキ（肉食性の昆虫）のオスは餌になる昆虫を捕まえてメスに求愛のプレゼント（結納）を贈ります。メスはそのプレゼントの大きさを吟味します。そして、大きなプレゼントを持って来たオスと交尾します。オドリバエやシリアゲムシ（図19）のメスもガガンボモドキと同様に、大きなプレゼントに惹かれて交尾を受け入れます。つまり、オスが贈呈する餌（結納）の量（質）がメスによる配偶相手の決定に関連しているのです。

参考文献

1 Nishino H & Sasaki M : J. Comp. Physiol. A., 179: 613, 1996.
2 Miyatake T, et al. : Proc. R. Soc. Lond. B., 271: 2293-2296, 2004.

参考図書

・桜井富士朗、尾形庭子、斎藤徹、岡ノ谷一夫：ペットと暮らす行動学と関係学、アドスリー、2000.
・横須賀誠、斎藤徹：第6章 種内コミュニケーション、脳とホルモンの行動学、近藤保彦ら編、西村書店、2010.
・丸山宗利：昆虫はすごい、光文社、2015.

第3章

聴覚（音声）信号とコミュニケーション

はじめに

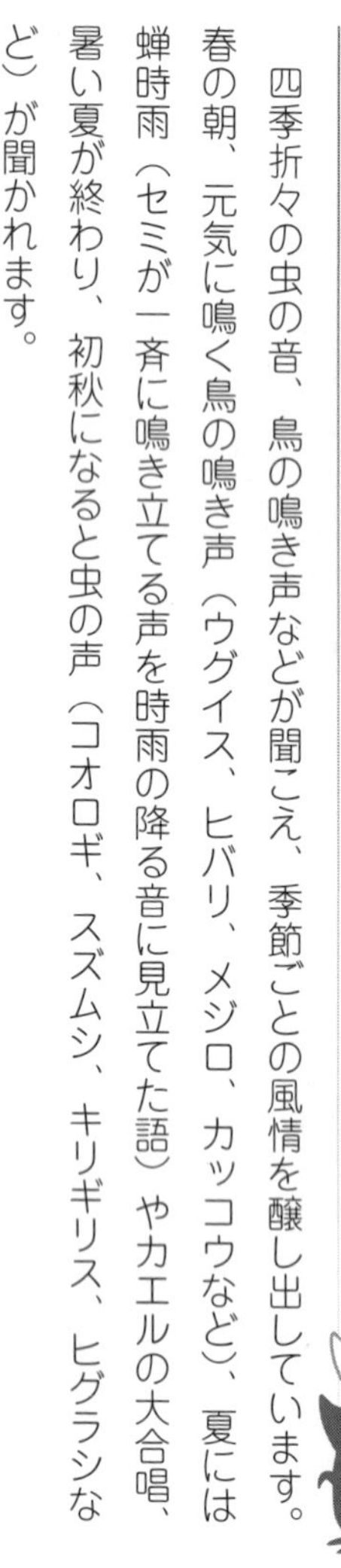

四季折々の虫の音、鳥の鳴き声などが聞こえ、季節ごとの風情を醸し出しています。春の朝、元気に鳴く鳥の鳴き声（ウグイス、ヒバリ、メジロ、カッコウなど）、夏には蝉時雨（セミが一斉に鳴き立てる声を時雨の降る音に見立てた語）やカエルの大合唱、暑い夏が終わり、初秋になると虫の声（コオロギ、スズムシ、キリギリス、ヒグラシなど）が聞かれます。

俳句にも、季節の音を感じることができます。「閑さや 岩にしみ入る 蝉の声」「蓑虫の音を聞きに来よ 草の庵」「きりぎりす 忘れ音に啼く 炬燵哉」（松尾芭蕉）、「鶯や 文字も知らずに 歌心」「ほととぎす 鳴くや仕合せ 不仕合せ」（高浜虚子）、「ち丶は丶のしきりにこひし 雉の声」（松尾芭蕉）。

多くの昆虫や鳥類をはじめ、その他の動物も鳴きます。なぜ鳴くのでしょうか？

鳴くことは、動物がその発音器を通じて発する音（音声）を意味します。音声は発生源から四方へと向かって空気や水を伝わって相手に届けられる信号です。音声による信号は時間的に速く、多くの情報を伝えることができます。また、昼夜を問わず、視覚が制限される環境下においても有効な信号です。
本章では、最初に情報の伝達媒体としての音について見ていきます。

音波（音）とはなにか

音波は、空気中の気体、固体、液体などの物体を振動させることで発生します。物体が振動すると、近くの空気が押されて空気に薄い部分と濃い部分が生じます。この薄い部分と濃い部分が交互に伝わっていきます。逆に言えば、真空中では音は伝わらないということです。この音波に対する動物の聴覚器による感覚を音とよんでいます。

音の3要素とは

音には3つの重要な属性（特徴・性質）があります。それは「高さ」「強さ（大きさ）」そして「音色」です。以下に、それぞれについて簡単に説明します。

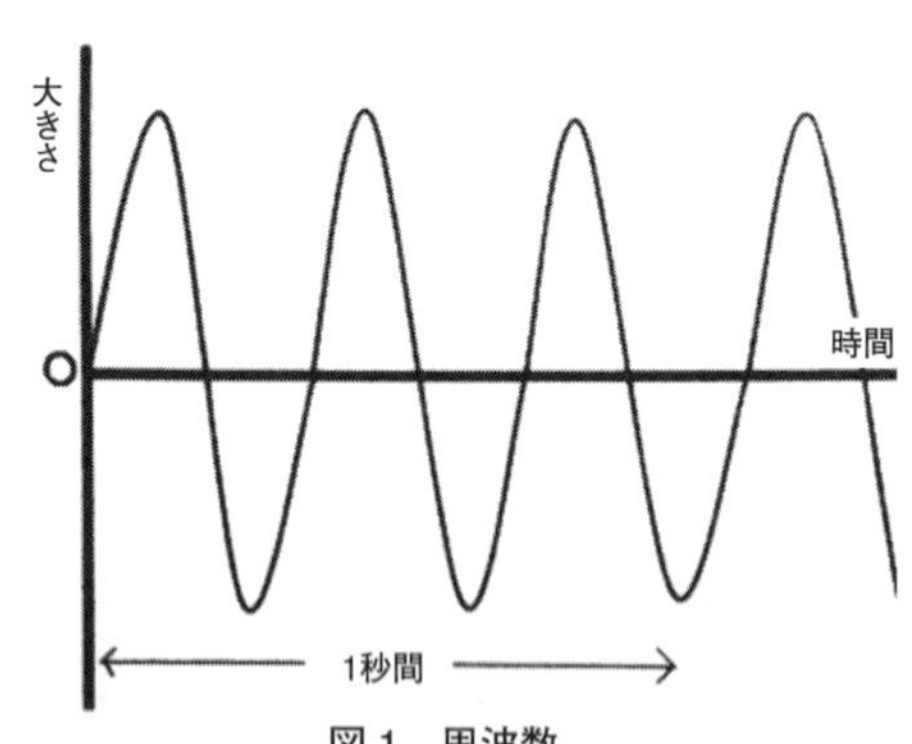

図1　周波数
この図の周波数は1秒間に山と谷が3回繰り返しているので3ヘルツ。

1　音の高さ

ヒトは周波数の大きい音を高い音と感じ、周波数の小さい音を低い音と感じます。周波数とは周期現象に関して同じ状態（山、谷）が毎秒あたり繰り返される回数のことで、ヘルツ（Ｈｚ）という単位で表示されます（図1）。

ヒトの耳に聴こえる音は可聴音とよばれ、その周波数の範囲は20Ｈｚ～20ｋＨｚです。言い換えれば、この範囲以外の周波数の音は、ヒトの耳では聞くことができません。この音は超音波とよばれています(図2)。ヒトに聴こえる音の範囲には、年齢差、個人差などが認められています。

では、動物での可聴周波数の範囲はどうでしょうか？　コオロギで300Ｈｚ～8ｋＨｚ、魚類で20Ｈｚ～4ｋＨｚ、アマガエルで50Ｈｚ～4ｋ

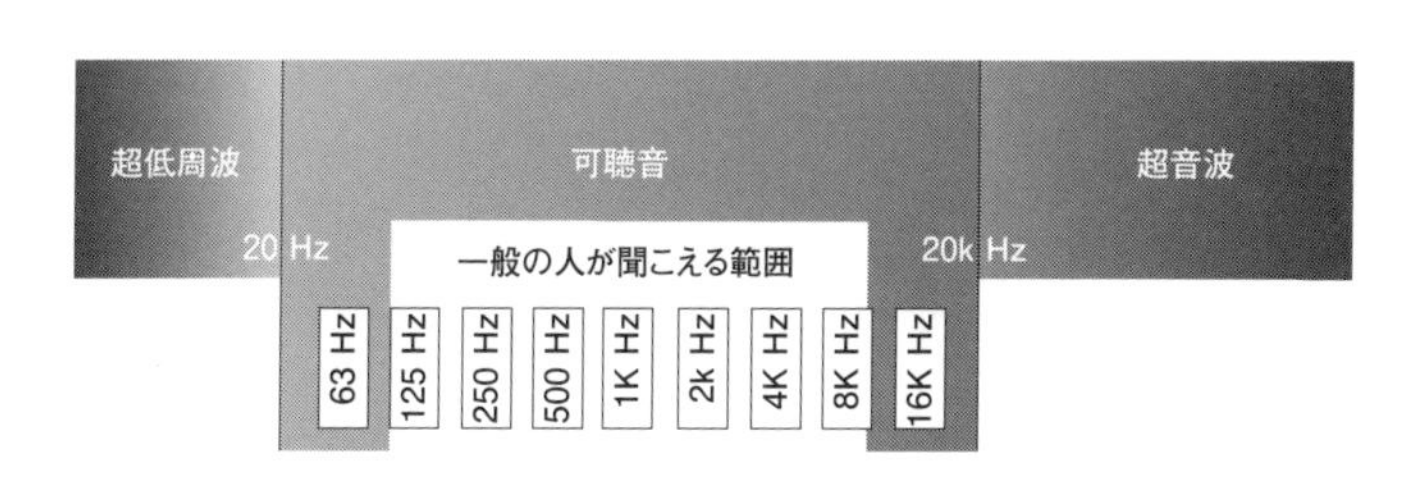

図2　可聴音と超音波

Ｈｚ、インコで２００Ｈｚ～９ｋＨｚ、イヌで15Ｈｚ～50ｋＨｚ、ネコで60Ｈｚ～65ｋＨｚ、ウマで55Ｈｚ～34ｋＨｚ、ゾウで16Ｈｚ～12ｋＨｚ、イルカで１５０Ｈｚ～１５０ｋＨｚ、コウモリで１０００Ｈｚ～１２０ｋＨｚと言われています。

2　音の強さ

音の強さとは、音波の物理的強度、すなわち音波が運ぶエネルギーのことで、溶質（空気など）の密度が大きいほど、振幅、振動数が大きいほど強い音となります。音の強さの単位にはデシベル（ｄＢ）が用いられます。基準の強さを０ｄＢ（自然界の音でヒトが聞こえる限界の強さ）とし、これの10倍のエネルギーが10ｄＢ、１００倍のエネルギーが20ｄＢ、１千倍のエネルギーが30ｄＢと

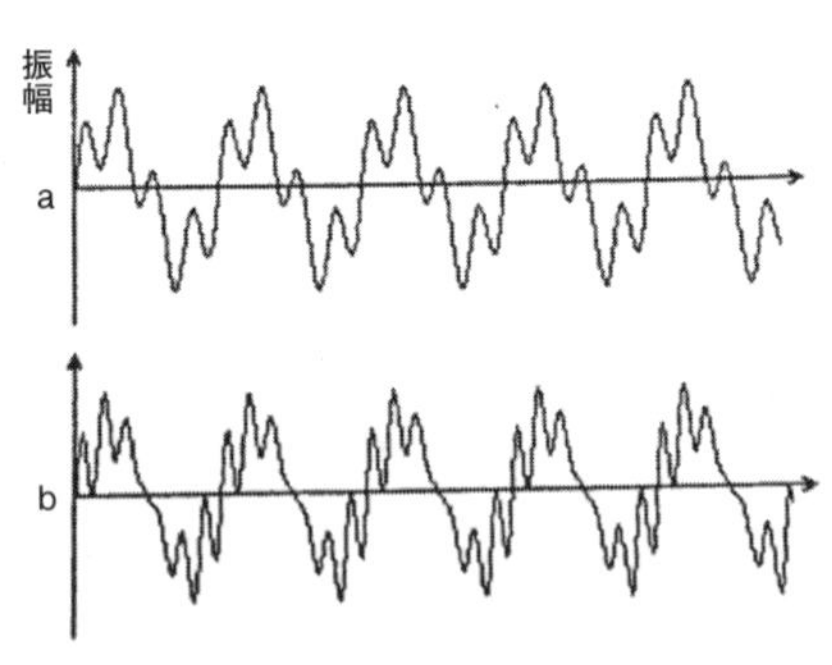

図3　音色の違い

a, b ともに音の高さ（周波数）と強さ（振幅）は同じであるが、波形に違いが見られる。

なります。

ヒトの耳に感じる音の強さは、このデシベルに比例します。

3　音色

同じ高さの音、すなわち同じ振動数の音であっても違った音に聴こえることがあります。なぜでしょうか？　それは音波の波形が異なるからです。この音波の波形を音色と言います（図3）。同じ高さの音でも、ピアノとバイオリンでは音の波形が違うことにより、音色が異なります。

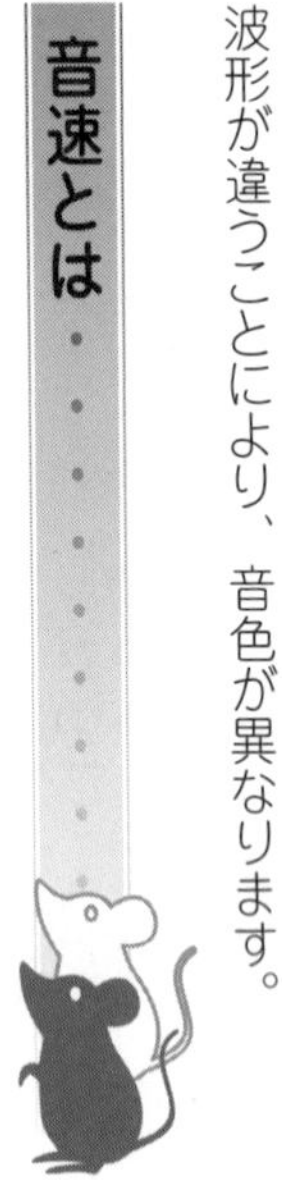

音波は加速することができません。媒質を伝わ

る音波の速さ（音速）は、溶質の種類によって決まっており、音の高さを高くしても、音の強さを強くしても早くなりません。音速は、空気中よりも水中、水中よりも金属中のほうが速くなります。空気中（温度0℃）の音速は1・5メートルの速さですが、温度が1℃上昇するごとに毎秒0・6メートルずつ速くなります。

つまり、t［℃］のときの音速V［m/s］は次の式で表されます。

V=331.5＋0.6t［m/s］

たとえば、t=15［℃］のときV=340.5［m/s］で、時速にすると1,225 km/hくらいです。この速さがマッハ1です。

音声コミュニケーション

音声信号を用いたコミュニケーションは昆虫から哺乳動物まで多くの動物で観察されます。

図4　クビキリギスの発声（岩崎原図）
鑢状器と絃部の摩擦による音は、さらに鏡膜で増幅される。

1　昆虫

ヒトは、ことばを話すとき、吐く息（呼気）をエネルギー源としてのど（咽喉）の奥にある声帯を振動させ、さらに口や歯や舌の動きによって、声帯で発生した振動に変化をつけています。ネコやイヌなどの発声の方法も基本的にはヒトと同じです。

では、昆虫はどのようにして鳴くのでしょうか？

鳴く昆虫の多くは発音器を持っています。昆虫の発声は特定の筋を収縮させて起こす体表クチクラの摩擦によります。たとえば、コオロギやキリギリスのオスでは両翅を擦り合わせて発声します。すなわち、前翅の裏側の一部がヤスリ板（鑢状器）になっており、それを反対側の翅の縁の摩

図5　ナキイナゴの発声（岩崎原図）
後腿節（○）のトゲ部分に前翅に擦り合わせる。

擦片（弦部）でひっかくことによって摩擦音を発信しているのです（図4）。バッタ類のオスでは前翅を後腿節に擦り合わせて摩擦音を発信します（図5）。セミ類のオスのように腹部の発振膜を振動させて発声するものもいます。

昆虫の多くは、このように発生させた音によってコミュニケーションを行っています。繁殖期を迎えたオスはメスをよぶための道具として音を用いています。いわゆる求愛歌です。また、コオロギやキリギリスの仲間ではなわばりを持つ種類が多く、オス同士でなわばりを誇示するためにも使っています。その他、シデムシ科のコウチュウ目の一群は子育てのときに音を発信し、親子で交信を行っていると言われています。

送り手の情報は音を介して受け手に伝わり、受

図6　クツワムシの鼓膜器（倉田原図）
鼓膜器（○）の位置を示す。

け手はその情報に応じた行動を取ります。昆虫も音を耳（聴覚器）で聴いています。

では、聴覚器はどこにあるのでしょうか？

コオロギ、キリギリス、バッタなどの聴覚器は前肢の脛節にあり、鼓膜器とよばれています（図6）。脛節は少し膨らんでいて外方に開く2つの縦裂孔があり、その奥に薄い鼓膜が張られています。音による空気の振動は直接、鼓膜に伝わり、鼓膜の振動は神経を介して中枢神経に伝えられます。前肢に1対の鼓膜を持っている昆虫は、2本の前肢を開く行動が見られます。これは左右の鼓膜器の距離を離すことで、それぞれに聴こえる音の強度や到達時間の違いから、音源の方向を感知しているのです。音源の方向が探知できれば、メスは鳴いているオスを探し、交尾を受け入れるこ

図7　アカメアメガエルの鳴嚢（V）
カエルの喉や顎の両脇などにあり、鳴き声を共鳴させる袋。

とが可能となります。

両生類であるカエルでは、オスが鳴き袋（鳴嚢）を膨らませて数百メートルまで届く音量の鳴き声を発信して交尾相手のメスを惹き寄せています。鳴嚢は大部分のオスが持つ柔らかな皮膚の膜で、口腔内に開口しています（図7）。鳴嚢の機能はオスの鳴き声を増幅させることです。

2　鳥類

鳥類は、音声コミュニケーションをよく発達させた動物と言われています。鳥類は世界に約1万種が棲息していますが、その半数近くが鳴禽類とされています。

鳴禽類はその名が示すように、発声機能に優れた鳥類です。ヒトと同様、鳥類も呼気をエネルギ

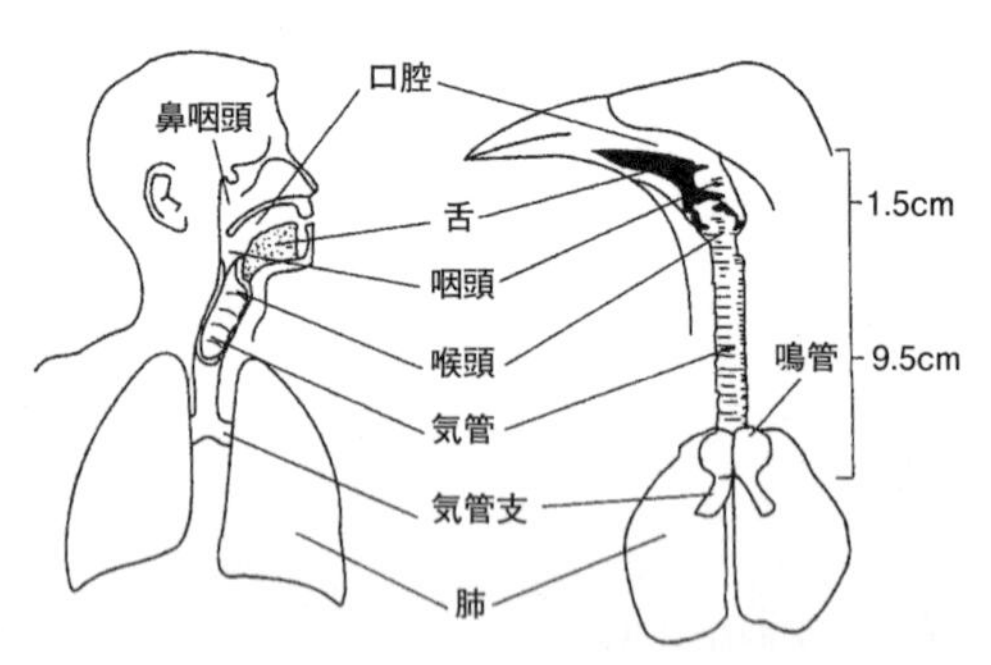

図8　キュウカンチョウとヒトの肺から口腔までの解剖図（宮本 1992）
鳥類は鳴管という器官を使い、膜を振動させて歌う。

ー源として発声しますが、音を作出する振動体は声帯でなく、気管支の上にある鳴管とよばれる左右1対の器官です（図8）。それぞれの鳴管の一部は膜になっており、この部分に呼気が通るときに振動して音を作出します。左右の鳴管にはそれぞれ数対の筋肉があり、これらが延髄の第12脳神経核から伸びる舌下神経鳴管支により微妙に制御され、複雑な音を作出することができます。

鳥類が用いる音声は、大別して「地鳴き（いずこコール）」と「さえずり（歌）」の2種類に分けられます。地鳴きとは、生まれつき決まったパターンで発する単音節の音声で、いろいろな社会的場面、たとえば仲間に挨拶したり、敵の来襲を知らせたり、さらにはヒナが親をよんで餌を要求するときに用いられます。一方のさえずりは、育て

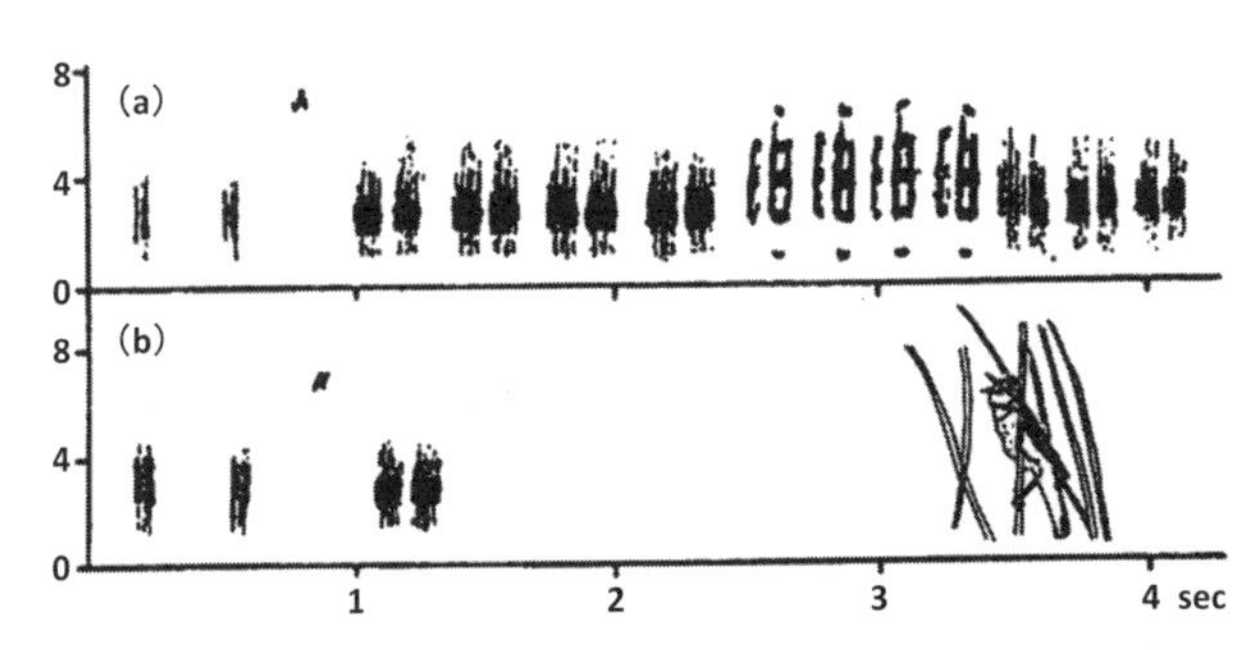

図9　オオヨシキリのオスの歌のソナグラム（大庭 1988）
(a) 性的誘引に重要な複雑で長い歌、(b) 縄張りの防衛に用いられる短い歌。

の親から学んで歌えるようになる音声、すなわち学習による習得を必要とする、複数の音節から成り立っています。歌うのはおもにオスです。繁殖期を迎えたオスはさえずりをメスへの求愛やなわばりの主張や防衛の音声信号として用います[1]（図9）。

鳴禽類のさえずり（歌）は生得的にプログラムされた行動ではなく、学習によって獲得される行動で、２つの学習段階を経て成立します[2]。

（1）感覚学習期

さえずり学習の第1段階で、幼鳥が同種のオスの歌う歌をじっくりと聴くことになります。その結果、幼鳥の脳のどこかに「聴覚鋳型」が形成されるようになります[3]。キンカチョウでは、感覚

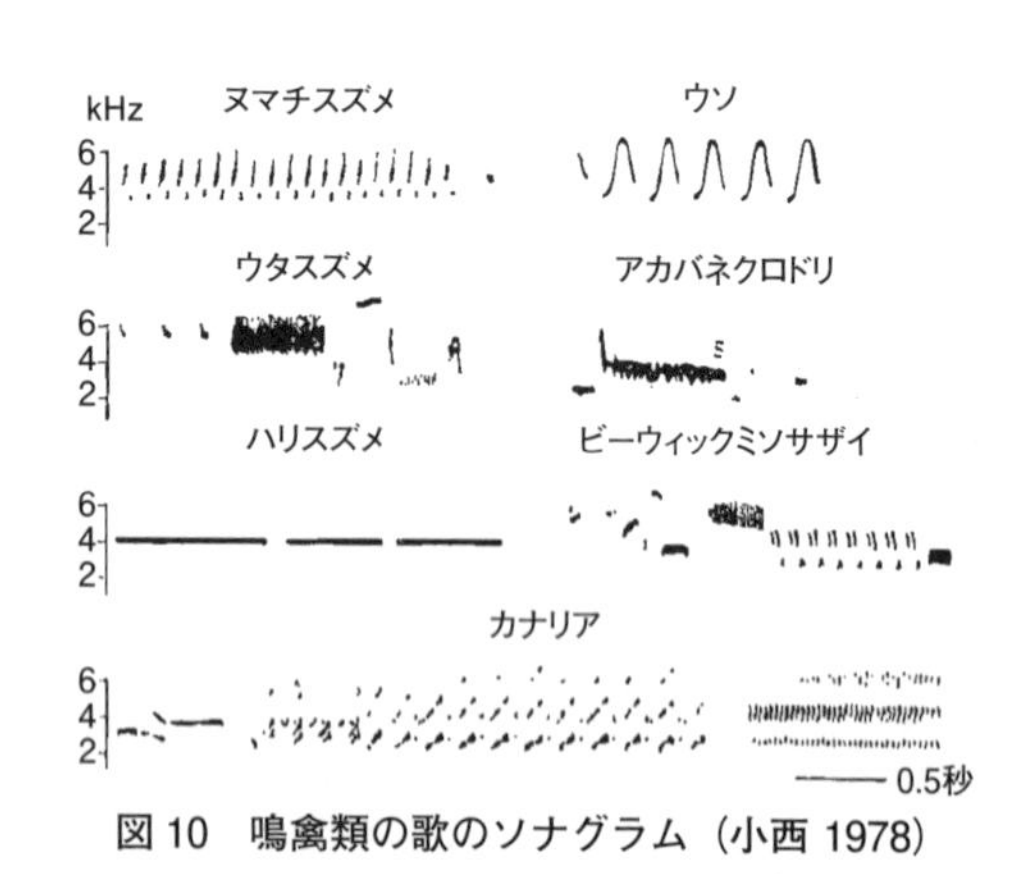

図10　鳴禽類の歌のソナグラム（小西 1978）

学習期はふ化後の早い時期に始まり約60日齢まで続きます。

この時期に耳を聴こえなくしてしまうと、いつまで経っても歌を歌うことができません。

（2）運動学習期

さえずり学習の第2段階で、鋳型が形成されると、鳥はいろいろな声を出してみて、自分の持っている鋳型とぴったり合うような声が出るまで練習を始めます。自分の出した声（発声運動）の結果、自分の耳（感覚器）で確認しながら学習していく過程です。キンカチョウでは、運動学習期は30日齢頃から成鳥になる90日齢頃まで続きます。

これら2段階のメカニズムを経て鳥の歌は完成されます。完成された歌は「結晶化」した歌とよ

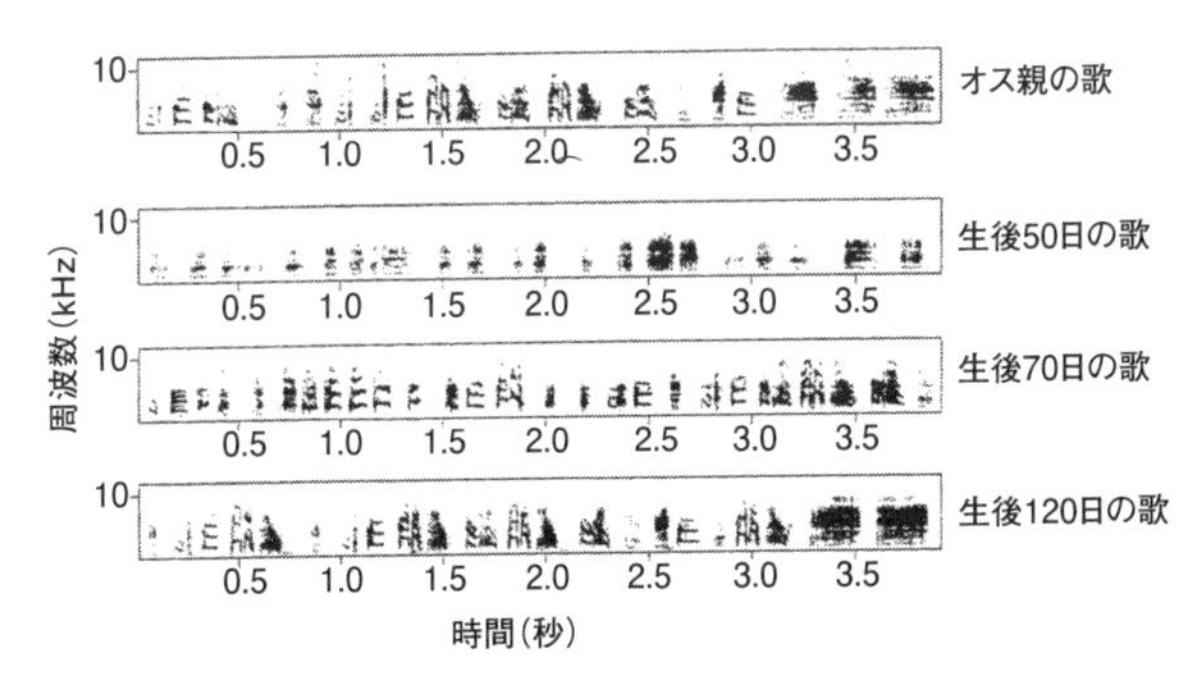

図 11　ジュウシマツの歌の学習過程（行動生物学事典 2013 より改変）
生後 50 日齢（サブソング）、70 日齢（プラステイック・ソング）、120 日齢（結晶化、オス親と変わらない歌ソナグラム）。

ばれ、決められた種類の要素が決められた順番で決められた回数歌われます（図10）。完成されるまでの歌は、運動学習の初期の段階ではサブソングとよばれ、不定形な要素が不確定な順番で不定回数歌われます。運動学習の中期ではプラスティック・ソングとよばれ、要素の形は決まってきますが使われる要素の種類や順番、繰り返しの数などは不安定で歌われます。歌は、こうした段階を経て徐々に完成されます[4]（図11）。

ヒトの幼児が言語を習得していく過程も鳥類と同じと考えられます。すなわち、母親や父親のことばを聴くことにより自分の聴覚鋳型を形成し（感覚学習期）幼児はその鋳型に合わせるようにことばを発する練習を行います（運動学習期）。その結果、完成されたことばを持つことになります。

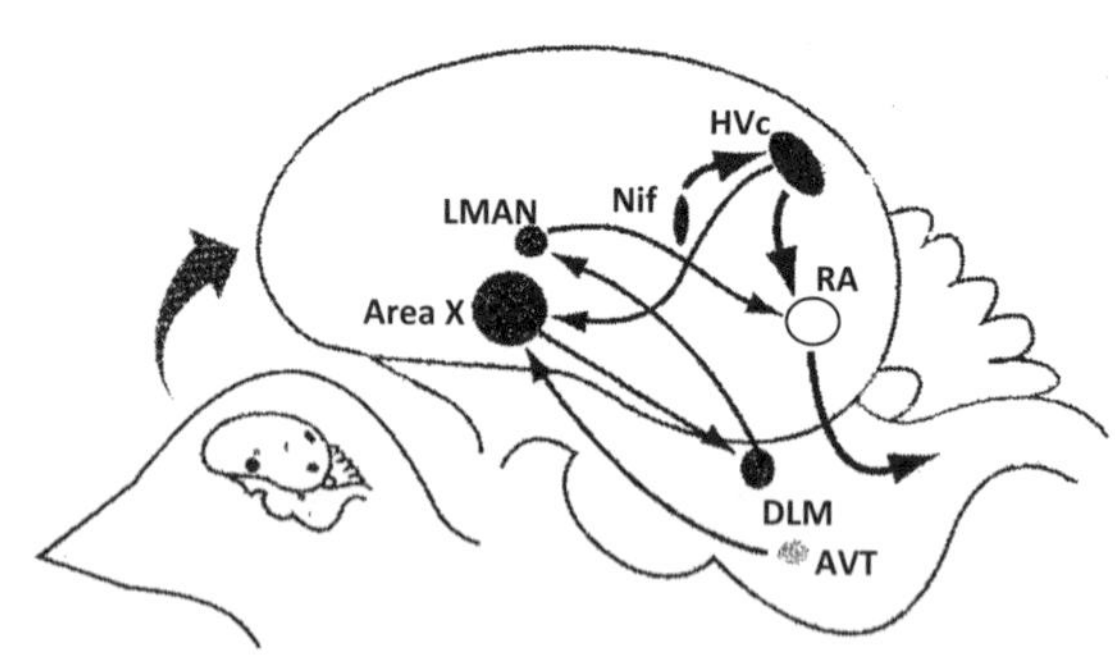

図12　鳴禽類の脳内の歌制御システム（岡ノ谷 2000）
HVc、RA から歌を歌う指令が舌下神経を介して鳴管に投射される。メスは RA 核が小さいため歌うことができない。

多くの鳥類では、繁殖期になるとオスが歌を歌うことを先に述べました。歌を歌う鳥類は、生物分類学的にはスズメ目に属する鳴禽類です。種によってはオスもメスも歌を歌いますが、オスだけが歌を歌うというキンカチョウやカナリアでは、さえずり行動を調節する脳内のニューロンネットワーク（歌制御系）を構成する一部の神経核の体積に、オスのほうがメスより大きいという性的二型が見られています[5]（図12）。

3　哺乳類

哺乳動物の発する音声はさまざまですが、その音声の機能が明確であるものも少なからず見られています。ウシ、ヒツジ、ブタなどの偶蹄類やネコの母親は、子どもの注意を惹きつけるのに、子

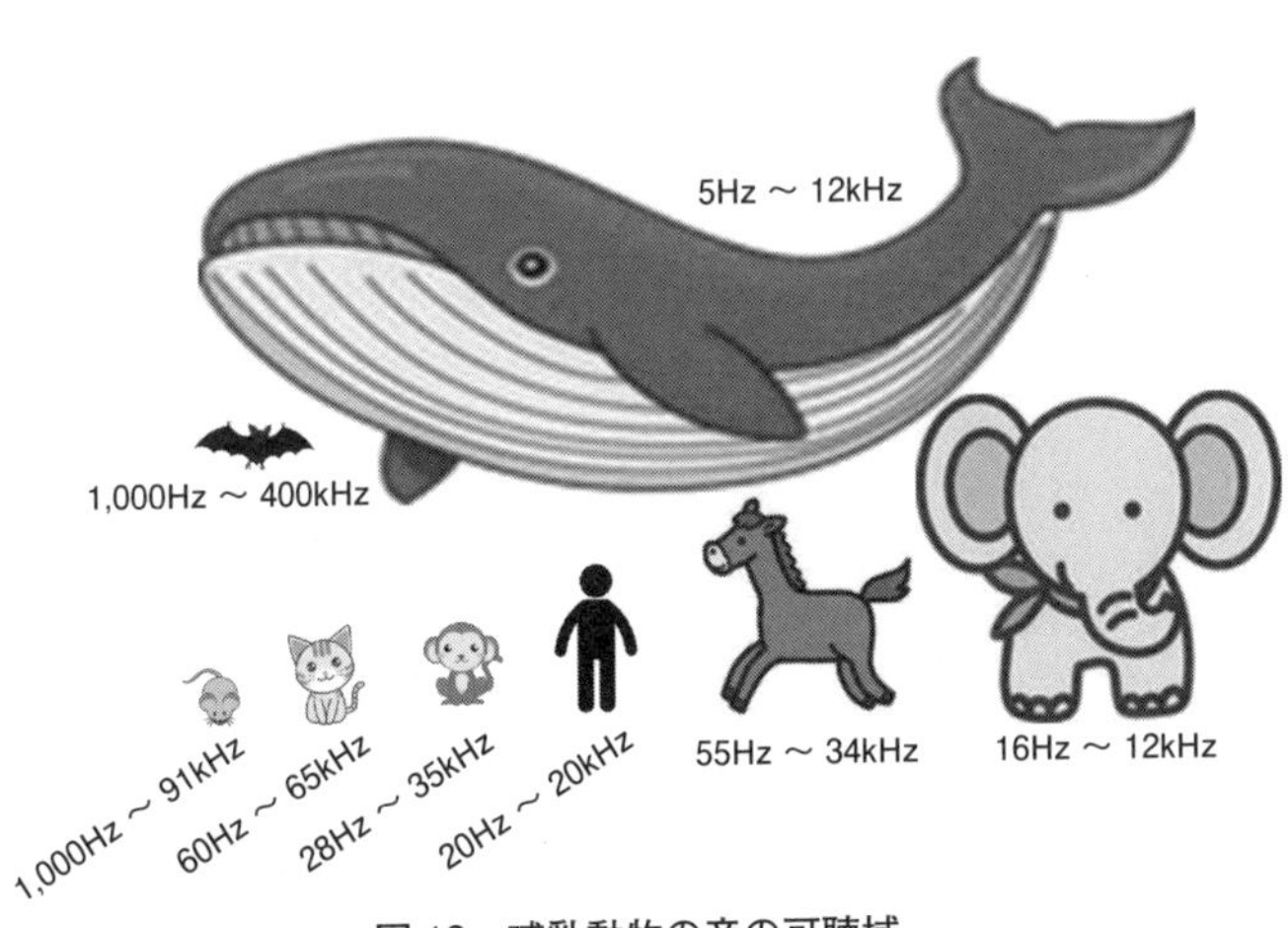

図13　哺乳動物の音の可聴域

どもにそれとわかる鳴き声を発信しています。また、ブタやウマ、イヌなどは警報音を発声します。さらに、性的な興奮の誘発にも音声が用いられています。性的不応期にあるウシのオスにメスの音声を聞かせると、交尾行動が促進されると言われています[6]。

哺乳類では動物種によって体の大きさに著しい差異が見られます。そのため、種によって可聴範囲が異なるという特性が認められています。たとえば、成年のヒトの可聴域は一般に20Hz～20kHzですが、マウス、ラット、コウモリなどの小型哺乳類では、体が小さく聴覚器の最低共鳴振動数はヒトより高くなるため、最低可聴域が500Hz以上と高くなっています。これに反して、クジラ、イルカ、ゾウなどの大型哺乳類ではヒトが聴き取れない20Hz以下の低振動数の音も聴き取ることが可能と言われています（図13）。

イルカとクジラを見分けられますか？

イルカはクジラの仲間です。クジラはヒゲクジラとハクジラの2つのグループに分類され、イルカはハクジラに属します。体長5メートル以上をクジラとよび、それ以下のハクジラをイルカとよんでいます。イルカには大きく分けて3種類の鳴き声が知られています。

（1）ホイッスル音

ピーピーと笛を吹いているように聞こえることからホイッスル音とよばれています。ホイッスル音はイルカ同士のコミュニケーションに使われている声で、周波数は1～24kHzです。カマイルカでは母子間のコミュニケーションに、このホイッスル音が使われていることが知られています。

（2）バーク音

興奮したり、威嚇したりするときの音声で、さまざまな周波数成分が重なり合っています。

（3）クリック音

音は空気中より水中のほうが速く、遠方まで伝わるため、イルカは聴覚が発達して視覚の役割をしてきました。クリック音はエコーロケーション（反響定位）に使われる音声です。イルカがクリック音を前方に向けて発声し、物体からの反響を聴くことで、対象物の位置や形、大きさなどを把握することができます。コウモリやフクロウなど暗闇で生活する動物にもエコーロケーションが見られます。クリック音は最高で１３０ｋＨｚ以上の周波数で、ヒトの可聴域を大きく超えています。

ゾウは、超低周波数の音（20Ｈｚ以下）で互いにコミュニケーションを行っていると言われています。非常に低い周波数の音は空気中でも減衰が少なく、ゾウは8～10キロメートルも離れている仲間との交信が可能とのことです。

マウス、ラット、ハムスターなどの齧歯類では、ヒトの可聴域を超えた超音波による音声コミュニケーションが研究されています。私たちの研究室で行った実験を踏まえて

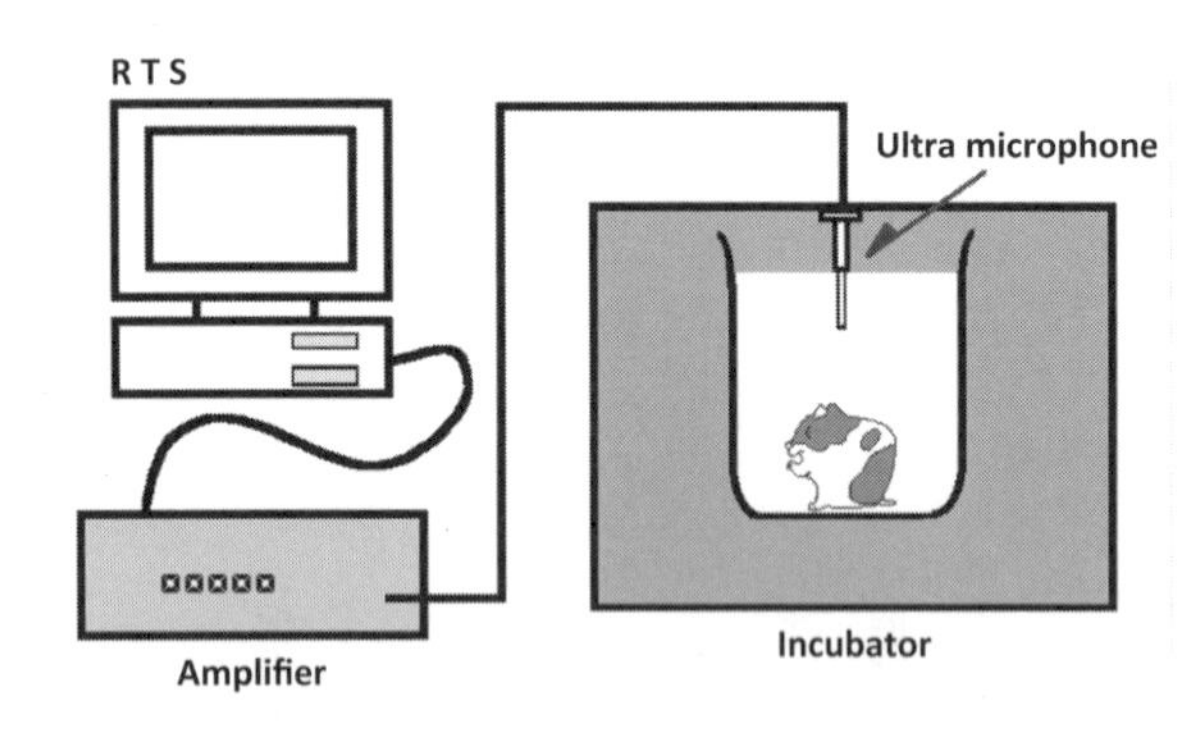

図 14　超音波測定システム装置模式図（橋本原図）

以下で紹介します。

超音波コミュニケーションの研究には、送り手から発信される超音波の測定が不可欠で、そのための高価な測定装置（図14）が必要となりますが、比較的安価で簡易な測定機器、バットディテクター（QMC MINI BAT DETECTOR）（図15）が多くの研究者に利用されています。これは特定の領域の超音波音声を可聴域の音声に変換するもので、10～150kHzの音域に対応します。

攻撃行動場面における超音波発声

動物が2匹以上で飼育されている場合、そこには動物社会が構成され、同種動物の個体間で優劣関係が見られます。ラットのオスでは、優位個体

図15　超音波測定バットディテクター
名の通り、コウモリのエコーロケーションの研究のために開発された。

が50ｋＨｚ前後の音声を示し、劣位個体が22～24ｋＨｚの音声を発信することが認められています[7、8]。劣勢個体の発声頻度は、優位個体からの攻撃に対して服従姿勢を示したときに多く観察されています[9]。

ラットのメスは、妊娠・授乳中には外部からの侵入者に対する攻撃性が増大します。50ｋＨｚの発声を伴う侵入者のオスは、メスからの攻撃を受けると22ｋＨｚの発声を示すようになります[10]。

性行動場面における超音波発声

交尾行動場面において、齧歯目のオスはメスへのアプローチや交尾行動の遂行中に超音波の発信が見られています。

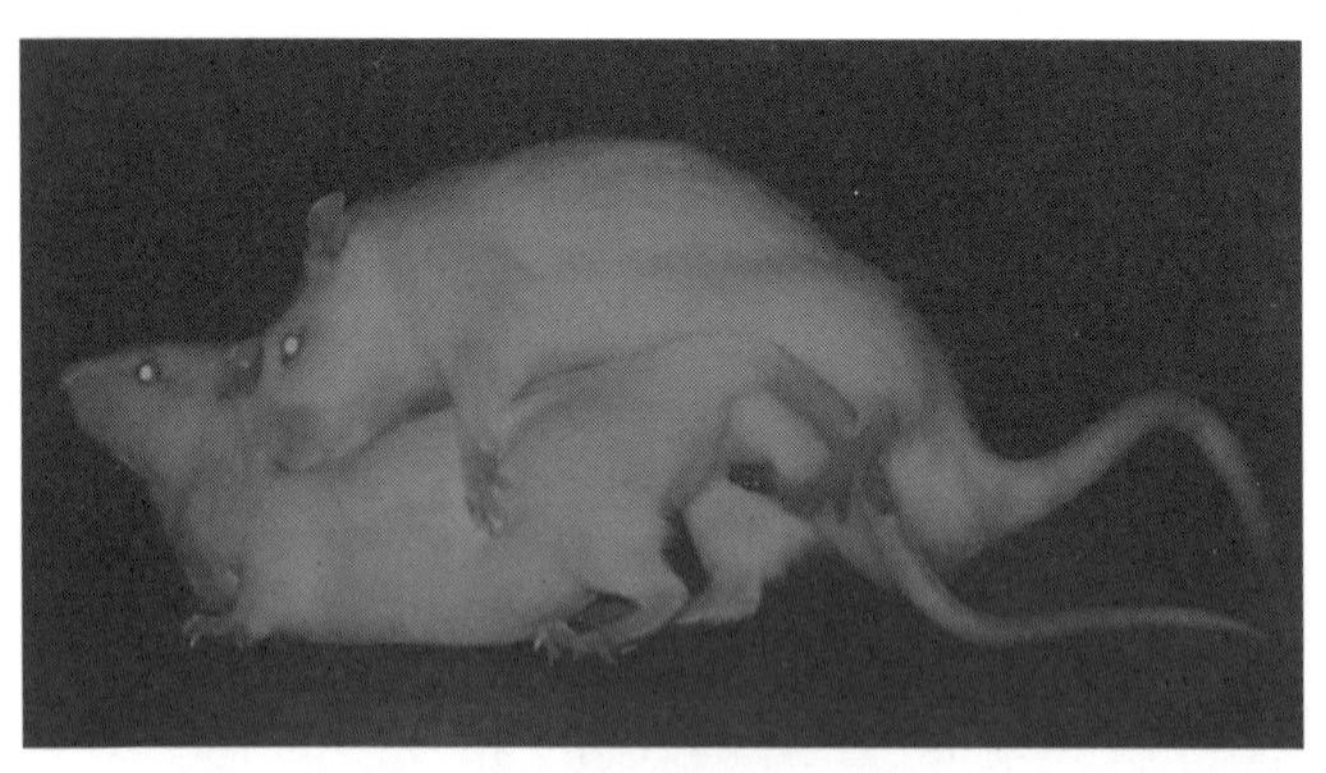

図16　ラットの交尾行動（マウント）

オスは発情メスから放出される性フェロモン（第4章参照）によって性興奮が起こり、次いでマウント行動が発現します（図16）。マウントにはペニスの挿入を伴わないマウント（mount）、ペニスの挿入を伴うマウント（intromission）および射精を伴うマウント（ejaculation）の3種類があります。図17に齧歯目オス（ラット、ハムスター類など）の交尾行動パターンを示します。

ここでは、私たちの研究室の社会人大学院生であった加藤が観察したラット、マウスおよびシリアンハムスターの交尾行動場面における超音波の発信について紹介します[11]。交尾行動の観察には図18に示すような円筒型ケージにオス動物を収容し、その後発情メスを導入します。交尾行動場面において、ラット、マウスおよびシリアンハムス

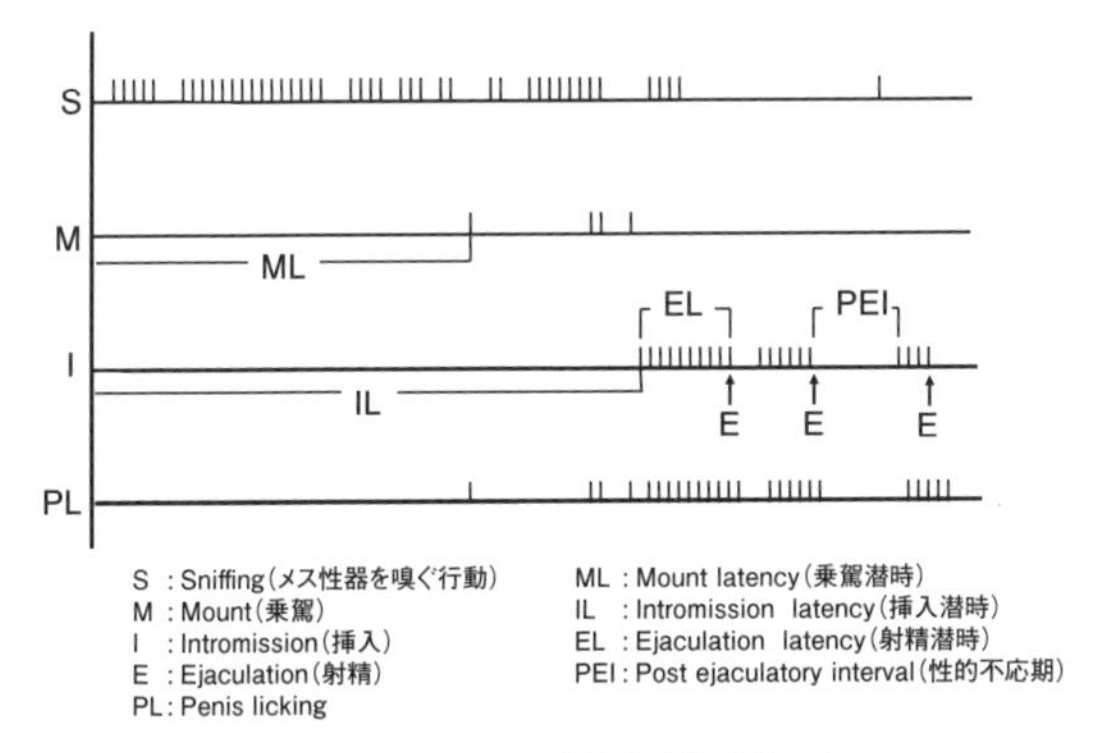

図 17　ラットの交尾行動パターン

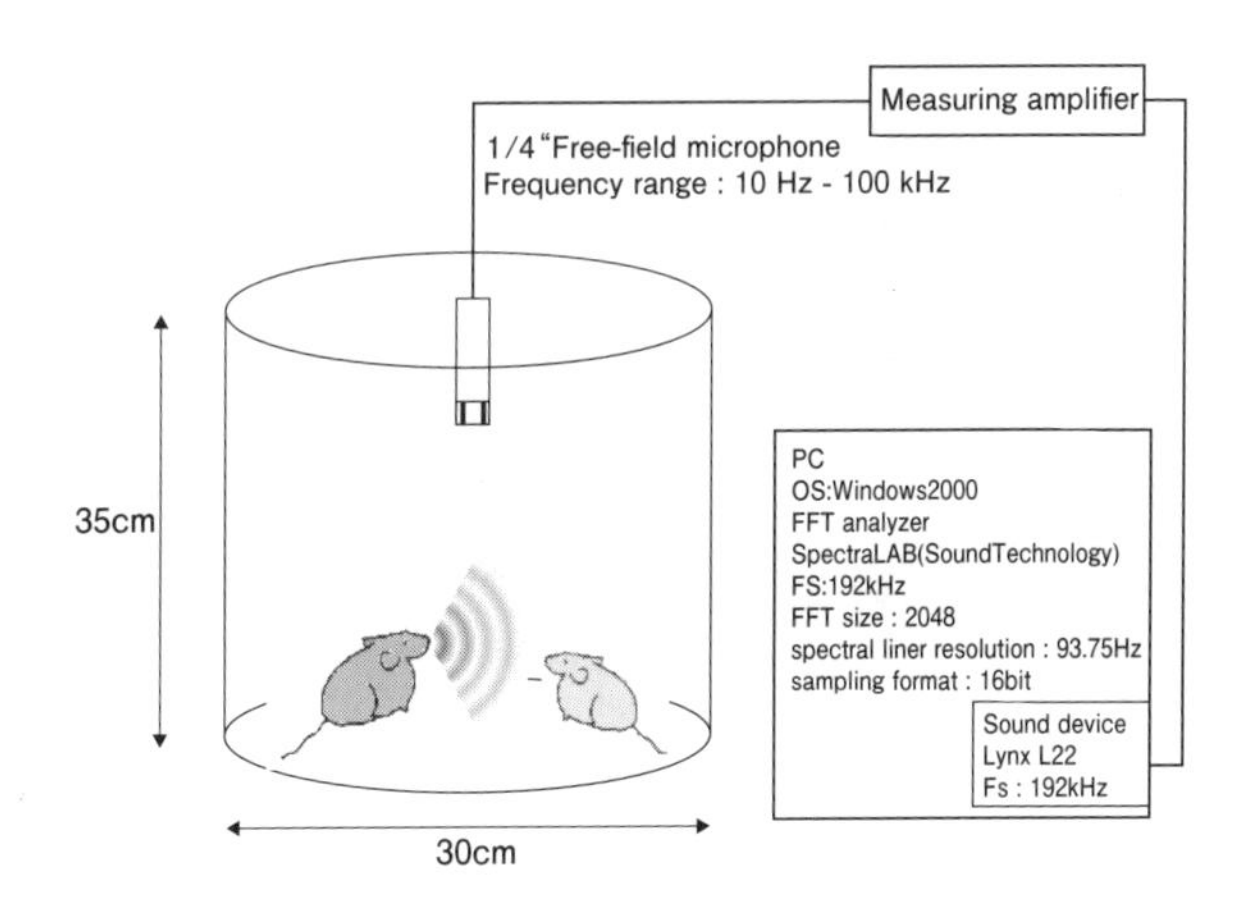

図 18　超音波測定システムによる交尾行動の観察

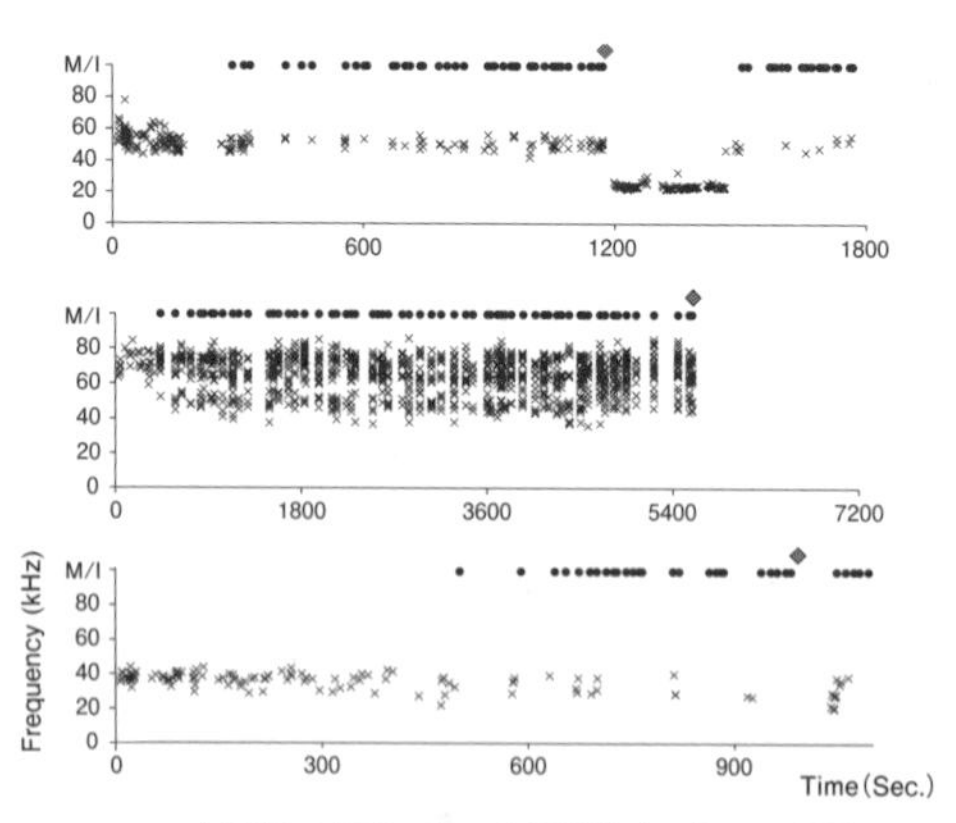

図 19　ラット（上段）、マウス（中段）およびシリアンハムスター（下段）の交尾行動に伴うオスの超音波発声の比較

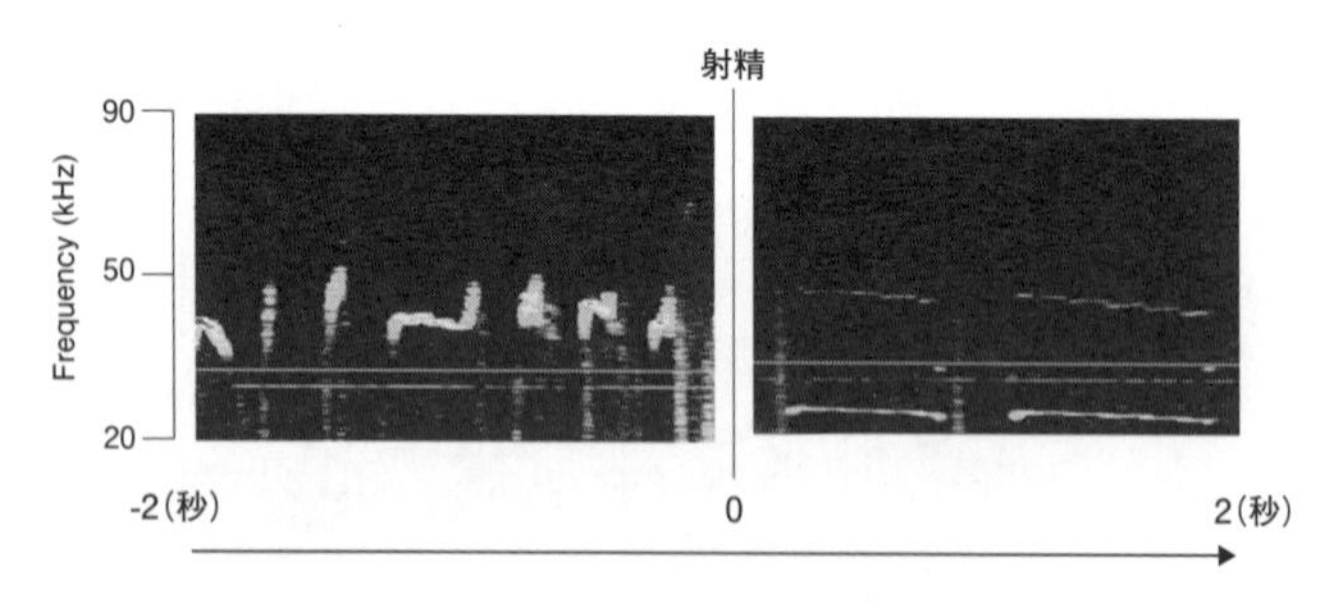

図 20　ラットの射精前後の超音波発声
射精前に 50kHz、射精後に 22kHz の超音波発声が見られる。

ターともに超音波の発声が観察されます。それぞれの発声周波数はラットで51±3ｋＨｚ（平均値±標準誤差）、マウスで67±11ｋＨｚ、シリアンハムスターで33±6ｋＨｚであり、その音声の持続時間はラットで約０・０３３秒、マウスで約０・０３９秒、シリアンハムスターで約０・０４４秒です（図19）。一方、メスラットは交尾時に50～70ｋＨｚの超音波発声が見られています。

射精前後のオスラットの発声周波数とその発声持続時間について興味深いデータが得られています（図20）。射精前では先に述べたように、約51ｋＨｚの周波数で０・０３３秒の持続時間の音声でしたが、射精後の周波数は22～26ｋＨｚで持続時間は約０・５３１秒であり、射精前後の音声周波数、その持続時間において大きな差異が認められます。

以上のことから、ラットのオス、メスが性行動場面において発信している50ｋＨｚ付近の超音波は、その音声のやり取りによって双方の性行動を促進していることより、双方向的な音声コミュニケーションが形成されていると言えます。一方、オスが射精後に発信する22ｋＨｚ付近の発声には双方向的なコミュニケーションは見られず、オスからメスへの一方向的な情報の伝達のみであり、オスの生理的あるいは情動的な状態を反映しているのかもしれません。私たちは、オスに射精が見られた直後にメスを撤去しても、射精後の超音波（22ｋHｚ付近）発声が観察されたことより、この発声はメスの存在によって誘発されるメスに向けたコミュニケーション信号ではないことを確認しています。

射精後の超音波発声はマウスでは見られず、シリアンハムスターでは発声周波数とその持続時間は交尾行動場面で観察されたものと明確な差異は認められていません。

母性行動場面における超音波発声

新生子のマウスやラットなどを母親から分離して体温低下などのストレスにさらすと超音波を発声します（図21）。これを「アイソレーションコーリング」と言います。マウス、ラット、シリアンハムスターなどのように赤子で生まれてくる動物は母親の擁護が必要です。また、乳子の体温中枢の発達は未熟なために、母親からの分離はミルクをもらえないことと、同時に体温の下降により死に至ることを意味します。仮に乳子が母親と離れるような危険が生じた場合、乳子はアイソレーションコーリングを発信し

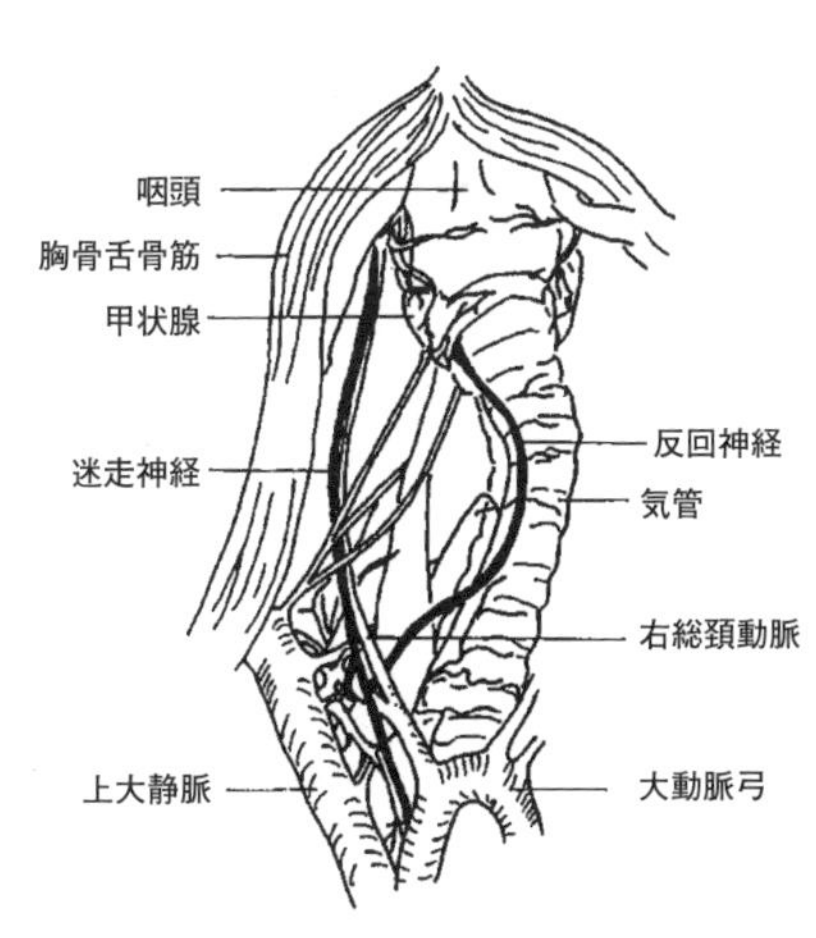

図21　ラット上胸部右側の解剖図（Greene, 1935）
超音波の発声には迷走神経から分岐した反回神経が関与している。反回神経の切除により超音波発声は遮断される。寒冷ストレスにより褐色脂肪の熱産生が生じ、酸素消費と呼吸数の増加が起こる。一方、寒冷ストレスにより反回神経が刺激され、喉頭の収縮が起こる。これらが1つになって超音波が発生する。反回神経の切断により、超音波の発声は見られない。

て母親をよび、巣に戻してもらう戦略をとります[12-14]。

私たちの研究室の大学院生であった橋本らが観察したマウス、ラット、ハタネズミ、スナネズミおよびハムスター類（シリアンハムスター、ジャンガリアンハムスター、チャイニーズハムスター）のアイソレーションコーリングのソナグラムを図22、23に示します。動物種によって発声超音波の周波数や波形などが異なっており、種の特異性が見られます[15、16]。

一方、未経産（処女）および経産ラットにこのアイソレーションコーリングを暴露させたら、どのような反応が生じるでしょうか？

私たちの研究室のタイからの留学生（大学

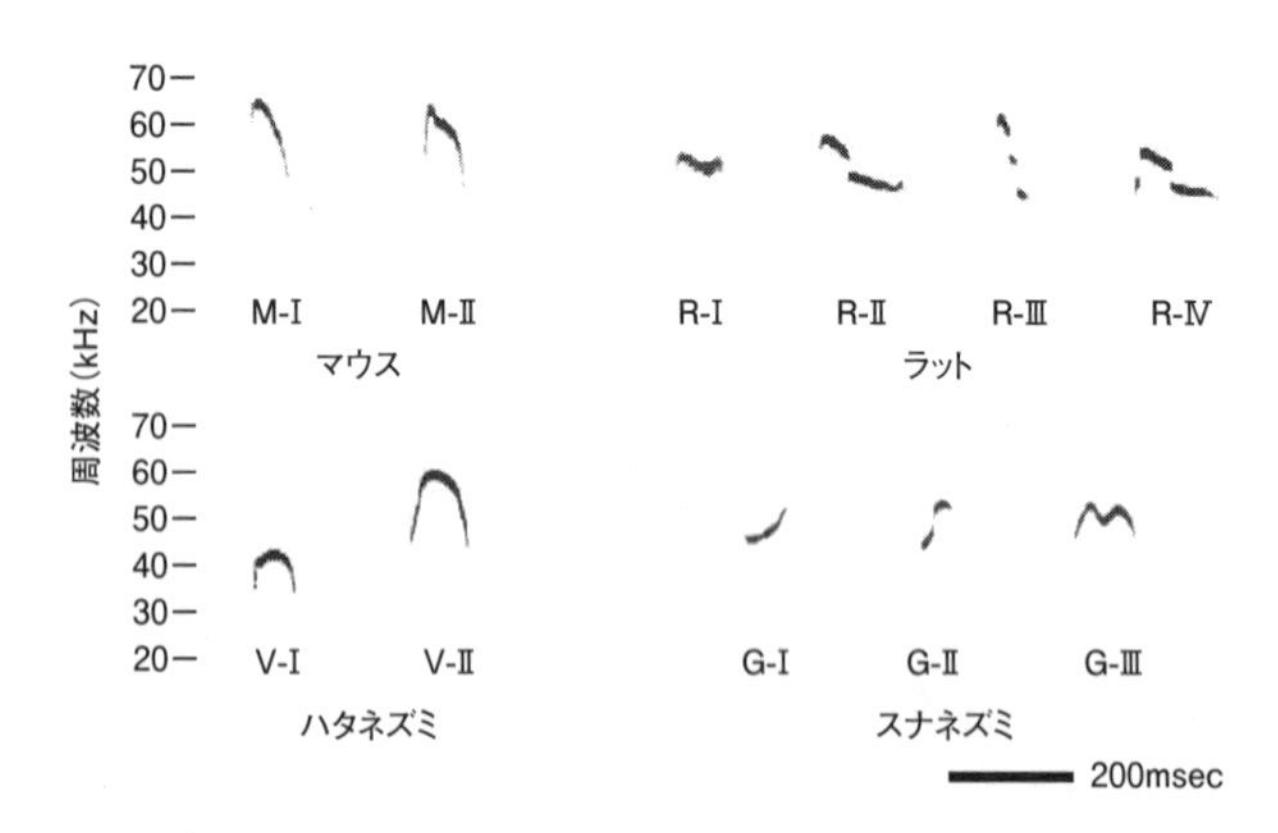

図22　齧歯目のアイソレーションコーリングのソナグラム

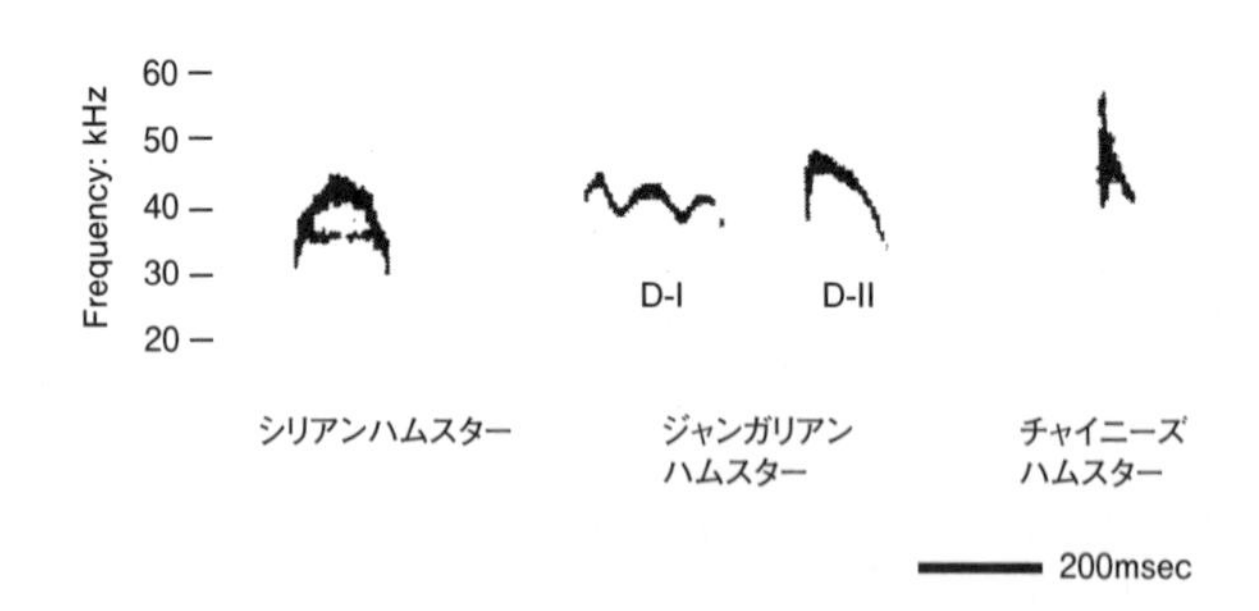

図23　ハムスター類のアイソレーションコーリングのソナグラム
シリアンハムスター、ジャンガリアンハムスターおよびチャイニーズハムスターはそれぞれ種である。種としての特徴的なアイソレーションコーリングの波形が見られる。

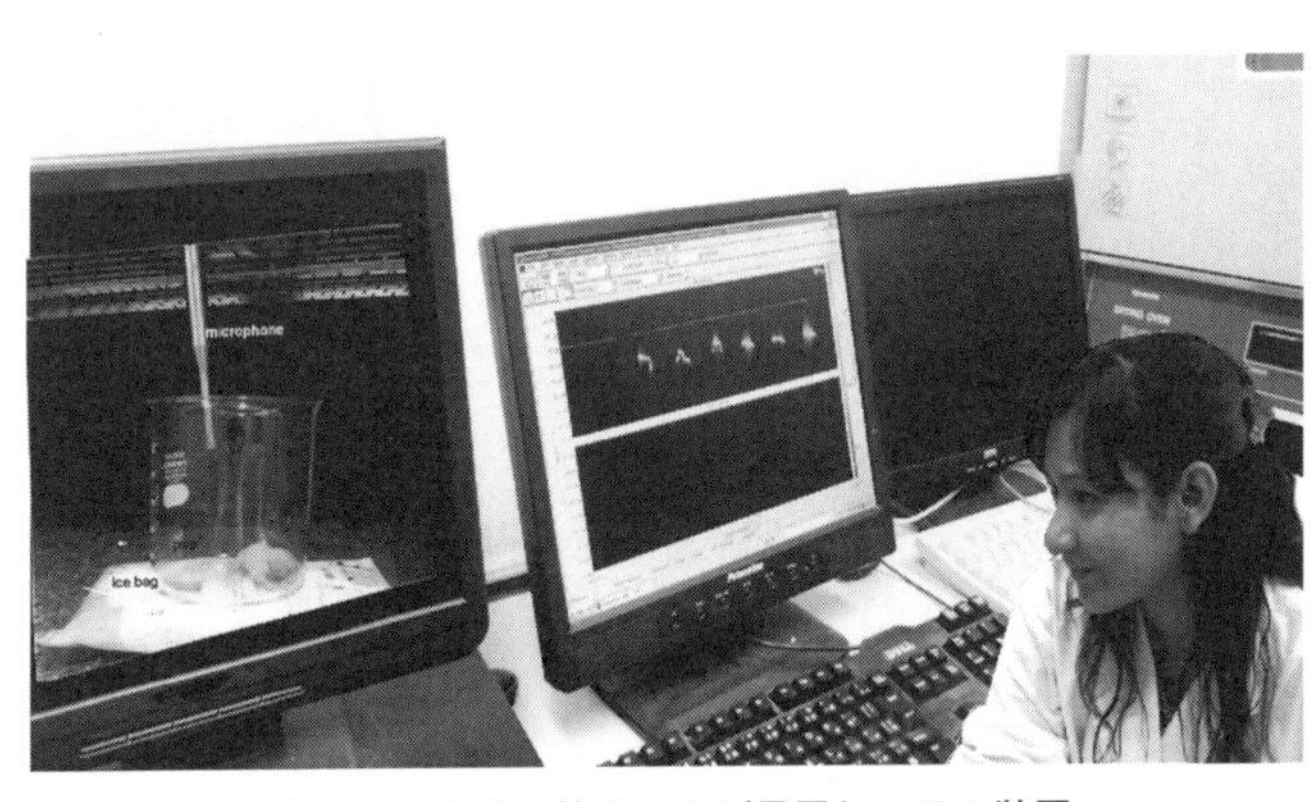

図24　超音波の検出および暴露システム装置

院）であったKromkhunの実験から紹介しましょう[17]。

アイソレーションコーリングを録音および再生します。そのためには超音波マイクロフォン、超音波録音機および超音波スピーカーなど特殊な機器が必要です（図24）。録音したアイソレーションコーリングを未経産および経産ラットに暴露し、その後血液を採取し、血中プロラクチン濃度を測定します。その結果、未経産および経産ラットともにアイソレーションコーリングに暴露されたラットのほうが暴露されなかったラットより、血中プロラクチンのレベルは有意に高く、またアイソレーションコーリングを暴露されたラット間では、経産ラットが未経産ラットよりも高値を示しました。プロラクチンは乳汁の生産に、また母性行動の亢進に関与しているホルモンです。アイソレーションコーリングにより、未経産および経産ラットともに母性行動を示す体制は整っています[18]。

では、他の動物のアイソレーションコーリングの暴露ではどうでしょうか?

マウスとハタネズミのアイソレーションコーリングを用います。これらの新生子アイソレーションコーリングでは、ともに血中プロラクチンの上昇は見られませんでした。先に述べましたが、新生子のアイソレーションコーリングの周波数や波形などは動物種によって異なっていました。マウス、ハタネズミ、スナネズミをはじめ、他の動物種においても、同種のアイソレーションコーリングでなければコミュニケーションが成立せず、受け手の欲求に応えることができないのでしょう。

母親の泌乳と哺育行動により成長した子どもが、母親以外の栄養を摂取するようになると、乳子からのアイソレーションコーリングの発生は認められなくなります[19-21]。

最後に、ヒトの赤ちゃんの泣き声について見てみましょう。近頃では、社会的な少子化や核家族化により、赤ちゃんにどのように接していいのか、戸惑う母親や父親も決して少なくないと思います。赤ちゃんは泣くものとわかっていても、なかなか泣きやまないと無力感、そしてストレスを抱え込んでしまうママがいるのではないでしょうか？
泣くことは、ことばが話せない赤ちゃんの唯一の音声コミュニケーション手段です。育児が初めての新米ママでも、赤ちゃんの異変や状態が察知できるように泣くという行為があるのです。赤ちゃんが泣く理由、それは不快なのです。

そこで、スペインで開発された「ホワイクライ（Why Cry）」を紹介しましょう（図25）。赤ちゃんの泣き声から、赤ちゃんの要求がわかるという機器です。その内訳は「空腹」「退屈」「不快感または痛み」「眠気」「ストレスまたは神経質」の5つです。それぞれの泣き声に音声波形の違いが見られています（図26）。

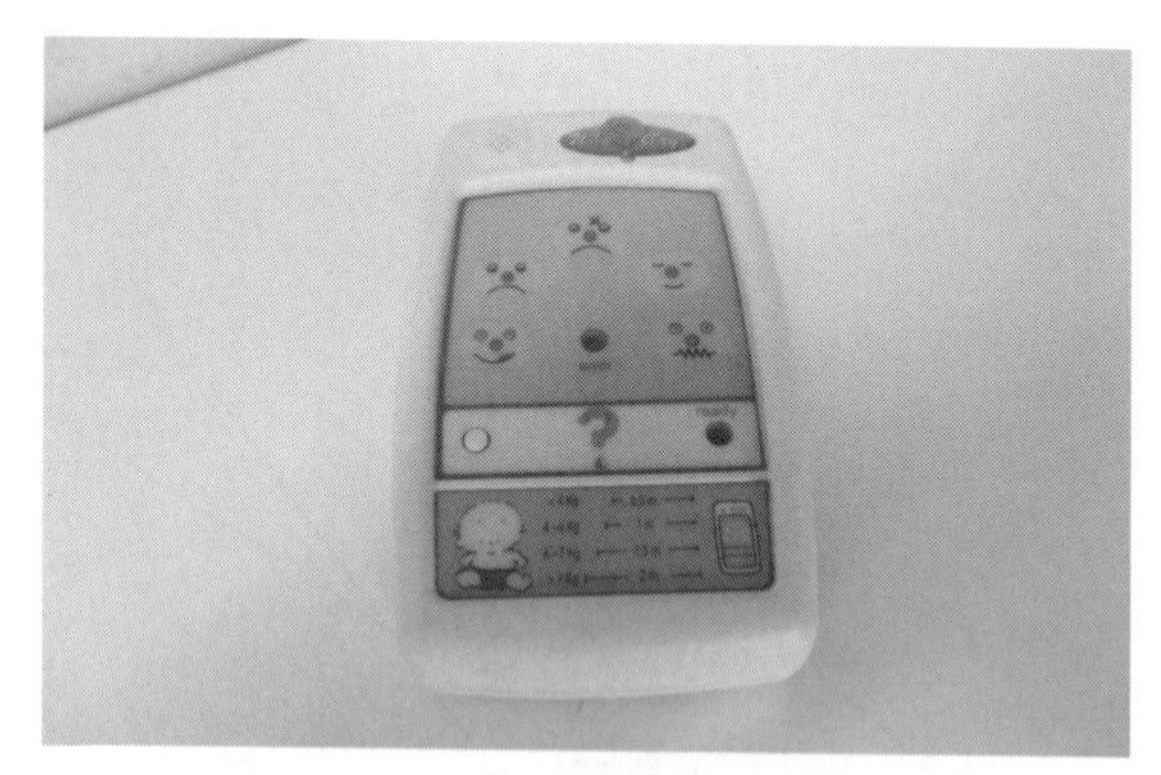

図 25　ホワイクライ（原沢製薬工業株式会社提供）

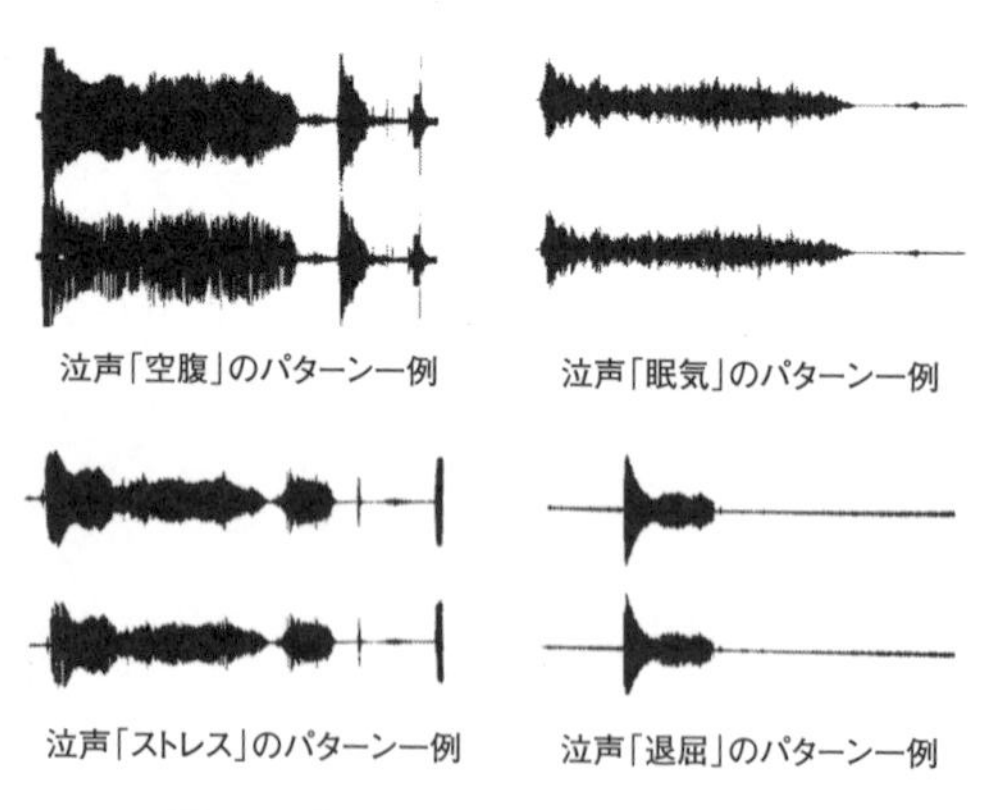

図 26　赤ちゃんの泣き声の音声波形

参考文献

1 大場照代：Strix, 7: 35-82, 1988.
2 Marler P：Trends Neurosci., 4: 88-94, 1981.
3 Konishi M：Z. Tierpsychol., 22: 770-783, 1962.
4 Nottebohm F：Am. Nat., 106: 116-140, 1971.
5 Gurney M E & Konishi M：Science, 208: 1380-1383, 1980.
6 De Vuyst, et al.：Experientia, 209: 648-650, 1964.
7 Corrigan J G & Flannelly K J：Comparative & Physiological Psychology, 93: 105-115, 1979.
8 Takahashi L K, et al.：Journal of Comparative Psychology, 97: 207-212, 1983.
9 Ghiselli W B & Lariviere C：Animal Leaning & Behavior, 5: 199-202, 1977.
10 Kolunie J M, et al.：Behavioral & Neural Biology, 62: 41-49, 1994.
11 Katou M：Unpublished Doctoral Dissertation, Nippon Veterinary and Life

Science University, 2014.
12　Allin J T & Banks E M : Devel. Physiol., 4: 149-156, 1971.
13　Sewell G D : Nature, 227: 410, 1970.
14　Rowell T E : Proc. Zool. Soc., 125: 265-282, 1960.
15　Hashimoto H, et al. : Exp. Anim., 53: 409-416, 2004.
16　Hashimoto H, Saito T R, et al. : Exp. Anim., 50: 313-318, 2001.
17　Kromkhun P : Unpublished Doctoral Dissertation, Nippon Veterinary and Life Science University, 2012.
18　Hashimoto H, Saito T R, et al. : Exp. Anim., 50: 307-312, 2001.
19　Motomura N, et al. : Exp. Anim., 51: 187-190, 2002.
20　Hashimoto H, et al. : Exp. Anim., 56: 315-318, 2007.
21　Kromkhun P, et al. : Lab. Anim. Res., 29: 77-83, 2013.

参考図書

・小西正一：小鳥はなぜ歌うのか、岩波書店、1994.

・桜井富士朗、尾形庭子、斎藤徹、岡ノ谷一夫：ペットと暮らす行動学と関係学、アドスリー、2000.
・岡ノ谷一夫：小鳥の歌からヒトのことばへ、岩波書店、2003.
・上田秀雄、叶内拓哉：声が聞こえる野鳥図鑑、文一総合出版、2007.
・横須賀誠、斎藤 徹：第6章 種内コミュニケーション、脳とホルモンの行動学、近藤保彦ら編、西村書店、2010.
・丸山宗利：昆虫はすごい、光文社、2015.

第4章

嗅覚（匂い）信号とコミュニケーション

はじめに

「匂い」は、「香り（よい匂い）」と「臭い（不快なくさい匂い）」の両方の意味を含んだ語句です。私たちヒトも動物も、この世界を最初に感じた感覚は、化学感覚であることは共通しています。化学感覚とは嗅覚と味覚であり、動物が進化の過程において最初に獲得した感覚と言えます。

あらゆる動物は、生きるためにものを食べなければなりません。そのために、化学感覚器、味覚器は、動物の誕生と同時に出現したと言われています。さらに、生存競争の結果、匂いを感知する嗅覚器へと分化し、餌となる食べものを探すのに鼻を頼りにしました。また、交配相手を見つけることにも鼻がかかわっています。

本章では、匂いとその嗅覚受容器、そして嗅覚系ニューロンについて概説します。

匂い物質

化学物質が空気に混じった状態で動物やヒトに匂いを感じさせる物質を「匂い物資」

と言います。魚類などの場合、匂い物質は水に溶けた形で作用します。

嗅覚には匂いを識別する機能がありますが、この匂いは大きく2つに分けることができます。

その1つは、いわゆる「感ずる匂い（sensible odor）」です。動物が匂いを嗅いでいることを意識する匂いです。動物が外敵の接近や餌のありかを探知するときに嗅ぐのはこの匂いであり、また私たちが日常的に意識する花の匂い、果物の匂い、香水の匂いなどもみなこの「感ずる匂い」です。この種の匂いはおもに揮発性の匂い分子から構成されると考えられており、一般に、鼻腔の深部に存在する嗅上皮（olfactory epithelium）によって知覚され、嗅覚情報として大脳先端の主嗅球へ伝達されます。

もう1つの匂いは「動かす匂い（driving odor）」であり、動物はこの種の匂いを感じていることを意識しない匂いです。匂いを嗅いだ結果が動物になんらかの行動、生理的反応などを誘発させる匂いです。一般にフェロモン（pheromone）とよばれるものは、この範疇に含まれる匂いです。

動かす匂いはおもに非揮発性の匂い分子から構成され、近距離にしか拡散しないため、事実上、同種の個体間のみに作用することになります。この匂いは鼻中隔の基部

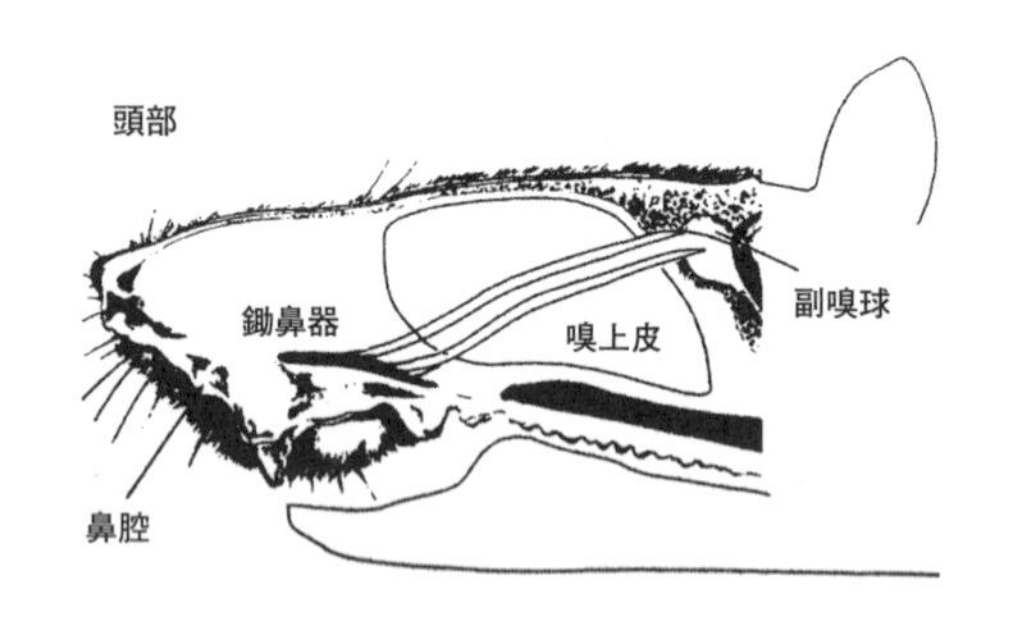

図１　ラットの鋤鼻器と嗅上皮

両側にあって管状を呈する鋤鼻器（vomeronasal organ）によって知覚され、その嗅覚情報は主嗅球の後背側に小領域として存在する副嗅球へと運ばれます（図１）。

嗅覚受容器の進化

このように、匂いには「感ずる匂い」と「動かす匂い」が存在し、それぞれが嗅上皮および鋤鼻器によって別々に知覚されるため、動物の嗅覚系は嗅上皮ー主嗅球系と鋤鼻器ー副嗅球系から構成されることになります。

嗅上皮、鋤鼻器はともに嗅覚上皮です。系統発生学的に嗅上皮は魚類から出現してすべての脊椎動物に存在します。これに対して、鋤鼻器は両生

図2　嗅覚受容器の進化（鋤鼻器の有無）

類から出現するものの、一部の爬虫類、哺乳類には存在せず、鳥類にはまったく存在しないと言われています（図2）。ヒトにおいても、鋤鼻器の存在していることが知られていますが、胎児期にそこに接続する神経系の大部分が退化してしまい、一次中枢の副嗅球も存在しないことより、この受容機構が機能している可能性は低いと考えられています。

それでは、鋤鼻器を持たない動物は「感ずる匂い」のみを知覚し、「動かす匂い」を知覚できないのでしょうか？

最近、「鋤鼻器は『動かす匂い』を知覚する」という命題は正しいとしても、「すべての『動かす匂い』は鋤鼻器によって知覚される」という命題の成立については疑問視されています。つまり、

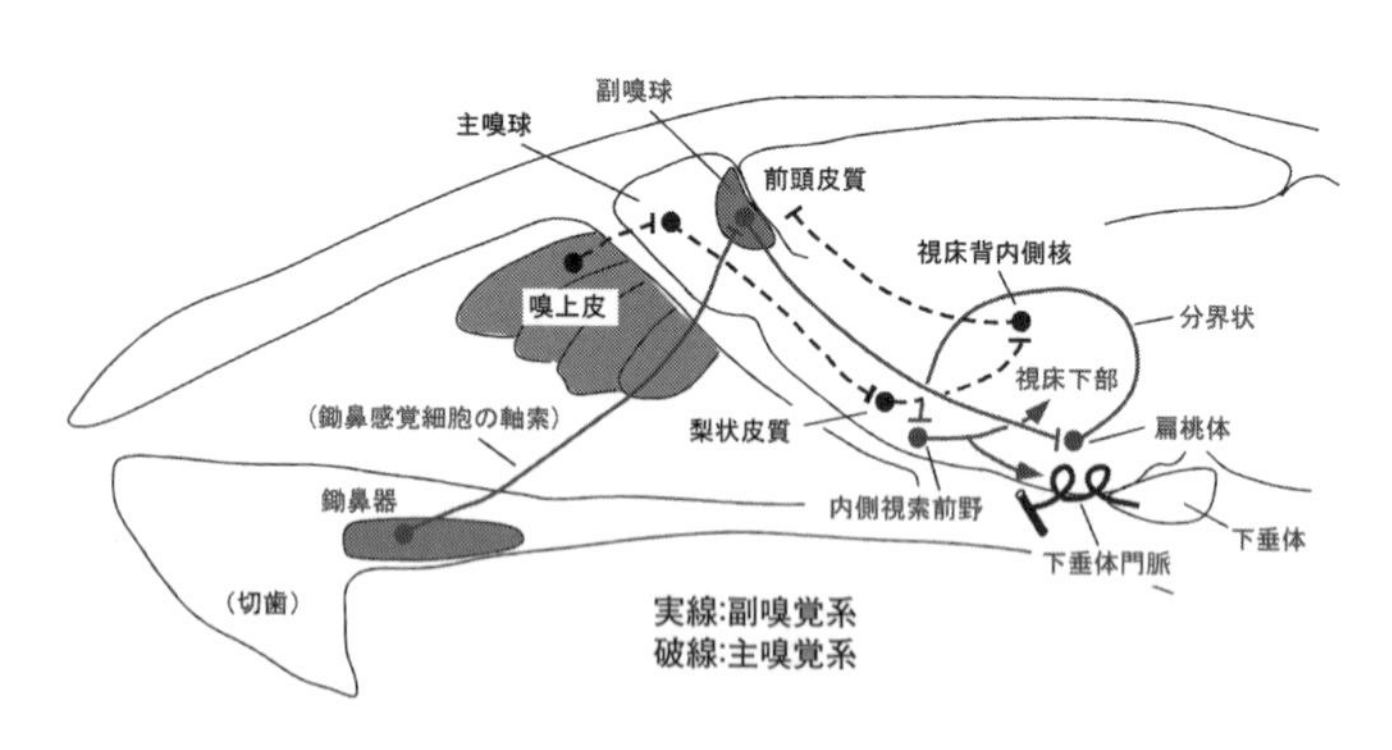

図３　齧歯目の嗅覚系（横須賀原図）

「動かす匂い」も嗅上皮が知覚している可能性を視野に研究されています。

嗅覚系ニューロンの形成

先に述べた通り、嗅覚系には「主嗅覚（嗅上皮―主嗅球）系」と「副嗅覚（鋤鼻器―副嗅球）系」の2つの神経系が存在していました。これらは解剖学的に独立した神経経路を形成しています（図3）。

主嗅覚系は、鼻腔の嗅上皮に分布する嗅細胞（嗅ニューロン）に始まり、一次中枢である主嗅球に投射します。嗅細胞の情報を受けた主嗅球ニューロンは、外側嗅索を経て嗅皮質にある梨状皮質や扁桃体などの大脳辺縁系に送られ、最終的には大脳皮質に到達する神経回路です。

副嗅覚系は、鋤鼻器の鋤鼻感覚上皮に分布する鋤鼻細胞（鋤鼻ニューロン）に始まり、一次中枢である副嗅球に投射し、副嗅球から扁桃体内側核・後核や分界条床核に送られ、最終的には視索前野や視床下部に到達する神経回路です。

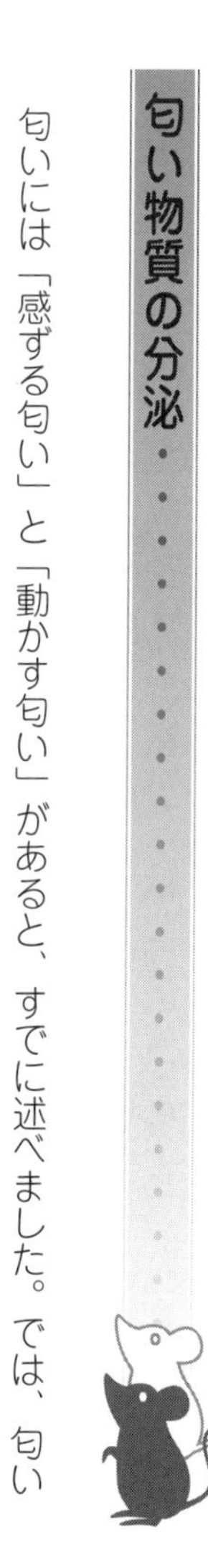

匂い物質の分泌

匂いには「感ずる匂い」と「動かす匂い」があると、すでに述べました。では、匂いの化学物質はどこから分泌されるのでしょうか？

匂い物質となる分泌物は動物の体表面の分泌腺から分泌されるか、または尿や糞とともに排出されます。このように動物の個体から発せられる匂いは、揮発性の成分として空気中に放出されるか、分泌物として地面や物体に付着されます。

1　マーキング行動（scent marking behavior）

ハムスター、スナネズミ、スンクスなどは臭腺（scent gland）とよばれる組織を持

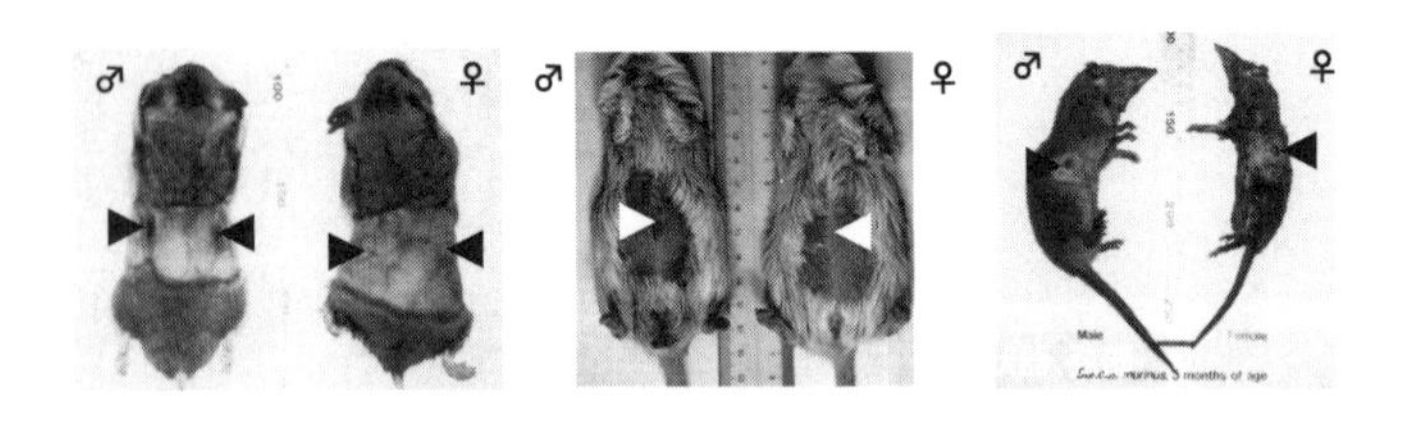

図4　おもな動物の臭腺（▶◀）

動物種によって臭腺のよび名が違う。(a) シリアンハムスター flank gland、(b) スナネズミ ventral scent gland、(c) スンクス musk gland

ち（図4）、この組織の分泌物を草、木、石、岩など周囲の物体にこすりつけることにより、同種間でのコミュニケーションを行っています。これはマーキング行動と言われ、テリトリー（territory：なわばり）の境界部に限らず、隣のテリトリー内や、オスによりメスのテリトリー内で行われたりします。この行動はおもにテリトリーを守るという意義を持ち、攻撃的な面も備えています[1,2]。

私たちの研究室の研究員であった山口らは、シリアンハムスターの生後4～90日までの臭腺の大きさを測定し、メスでは21日齢以降、ほぼ一定の大きさに、オスでは70日齢まで成長し続けると報告しています[3]。また、その形状については成熟した段階で、オスでは楕円形で、メスでは円形で

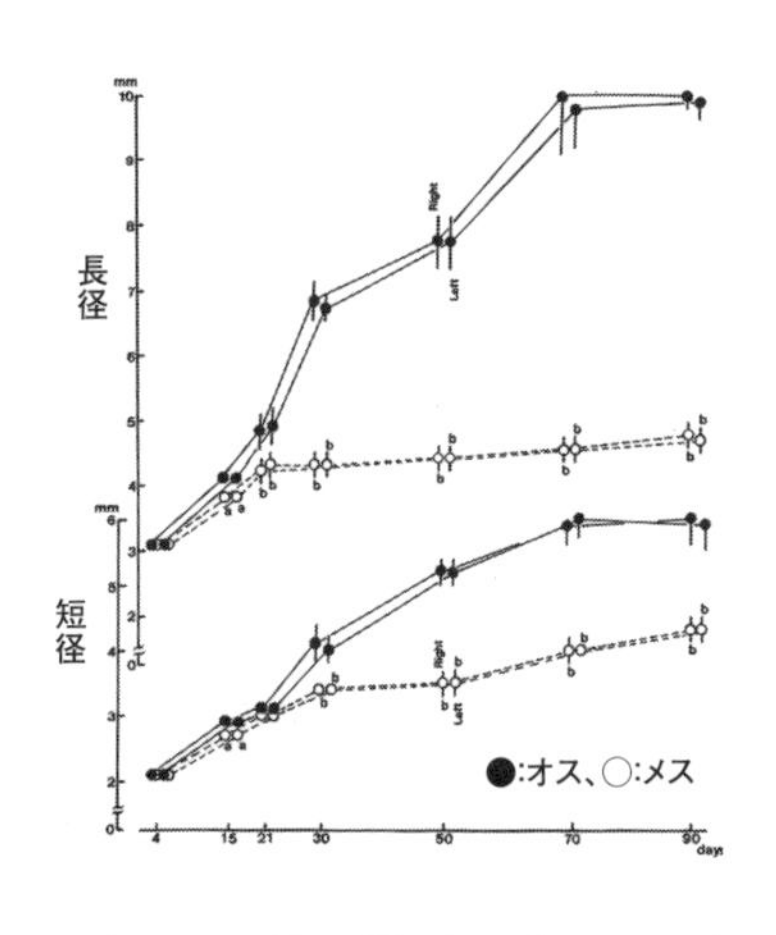

図5　シリアンハムスターの日齢に伴う臭腺（長径、短径）の大きさ（平均値＋標準偏差）

1対の臭腺（左右）の大きさを測定。実線はオス、破線はメスを示す。

あることなどを明らかにしています（図5）。

臭腺にはアンドロゲンに対するレセプター（受容体）の存在が知られており、臭腺の大きさやメラニン量はアンドロゲンに依存していることが確認されています[4、5]。マーキング行動はメスよりもオスで頻繁に見られ、オスを去勢するとマーキング行動の出現頻度は低下し、去勢オスにアンドロゲンを投与するとマーキング行動の発現を元のレベルに戻すことができます[6、7]。これらのことについては、私たちの研究室のウイグル自治区（中国）からの留学生（大学院）であったAbliz et al.[8]も、スナネズミで認めています（図6）。

2　母性行動（maternal behavior）

ヒツジの母親は、分娩直後の臨界期にわが子の

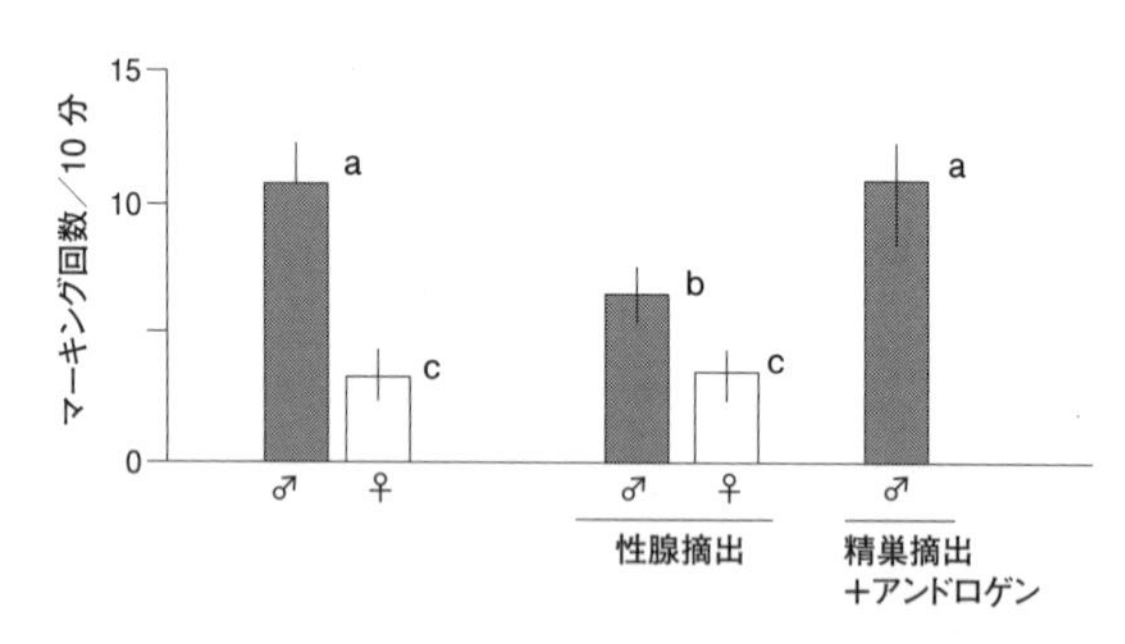

図６　スナネズミ（４か月齢）のマーキング行動（平均値±標準誤差）に対する性腺摘出の影響（異なるアルファベット間で有意差あり）（文献９より改変）

匂いを覚え込み、ひとたび匂いの記憶が成立すると、他の子ヒツジが乳を飲みに来ても匂いで識別してその子を拒絶し、わが子以外には決して乳を飲ませることはありません（図7）。この母ヒツジのわが子に対する選択性は分娩後2時間以内に、またヤギではわずか5分以内で形成されると言われています。なぜでしょう？

母ヒツジは分娩直後の数時間だけ、新生子を包む羊水の匂いに非常に関心を示します。分娩直後の母ヒツジは、羊水の匂いに惹かれて新生子をなめることにより、母性本能の誘発が起こるとされています。このようなヒツジやヤギに見られる母性行動パターン、いわゆる母と子の強い絆はその他の単胎動物（1～2頭の新生子の出産）にも観察されています。

図7　母ヒツジと子ヒツジの絆（楕円形内）
母ヒツジはわが子のみに乳を与える。

参考までに、母ヒツジが子ヒツジの匂いを記憶する機構については、森の総説[9]に詳しく記載されています。

フェロモンとは

フェロモンについて、具体的にイメージすることはできますか？

「動かす匂い」の範疇に含まれる匂いでした。フェロモンは、ホルモンと同様に生体内で生産されますが、ホルモンが生体内で機能するのに対し、フェロモンは生体外に放出されて機能する化学物質です（図8）。

昔から昆虫のガの仲間では、オスがメスに誘引されて、メスに群がってくるという現象が知られ

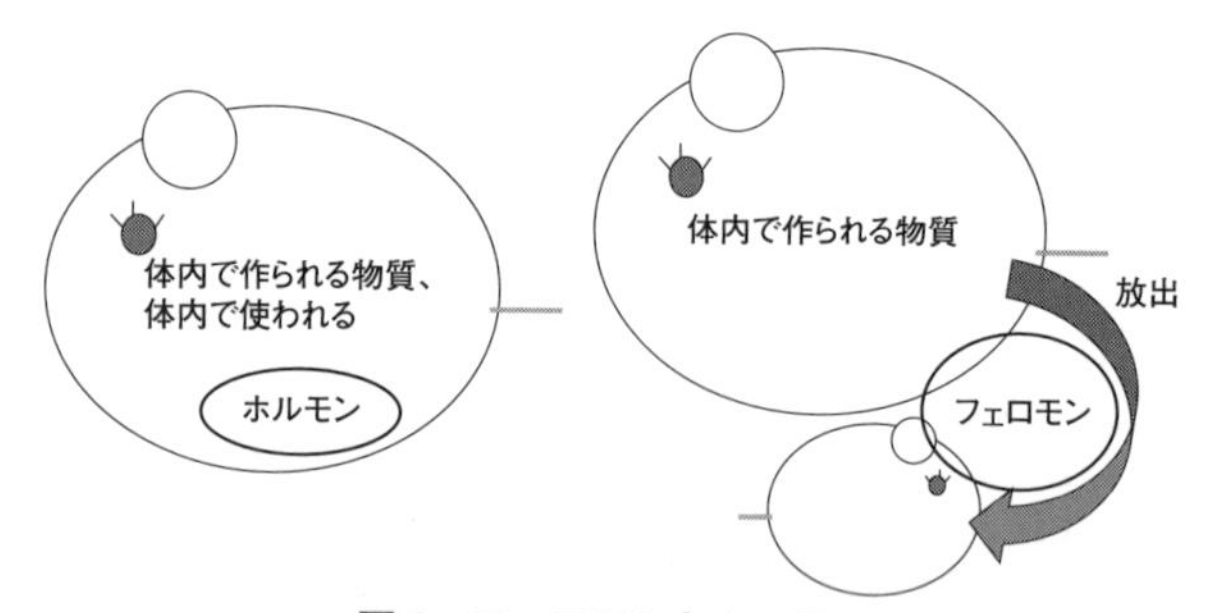

図 8　フェロモンとホルモン
生物が体外に分泌し、同種の個体間で作用する化学物質のことをフェロモンとよぶ。

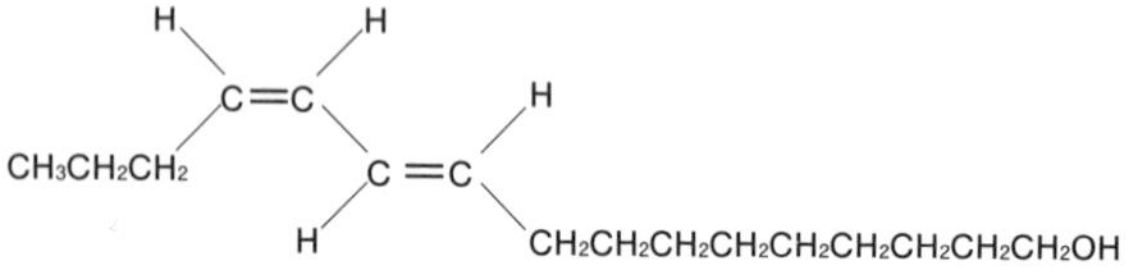

$$CH_3CH_2CH_2-CH{=}CH-CH{=}CH-CH_2CH_2CH_2CH_2CH_2CH_2CH_2CH_2CH_2OH$$

図 9　ボンビコールの化学構造
ブテナントにより、単離同定された性フェロモン。

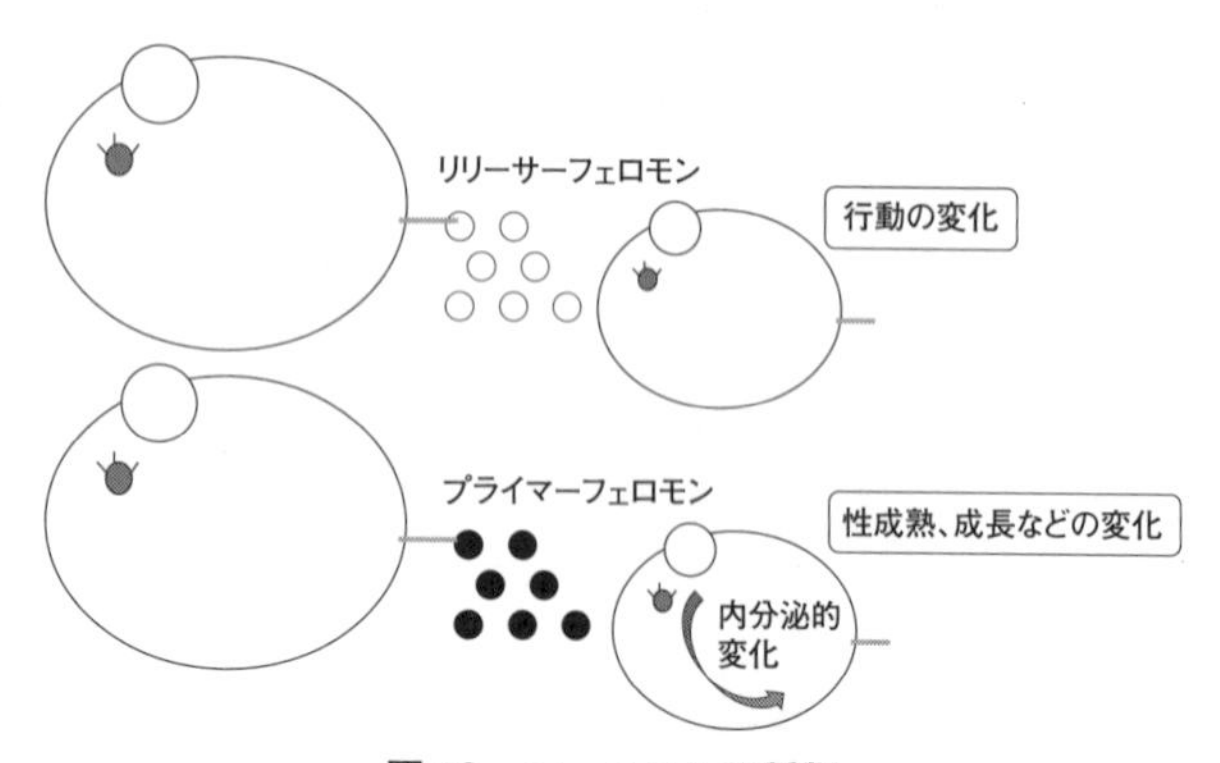

図 10　フェロモンの種類
リリーサーフェロモンは直接的な行動を引き起こし、プライマーフェロモンは生理的機能に影響を及ぼす。

ていました。1930年代には、メスのカイコガ（カイコの成虫）を入れた籠のまわりにオスのカイコガが集まってくることから、メスが空気中にオスを誘引する特殊な物質を放出しているということがわかってきました。ドイツのブテナン（Butenandt）は、20年の歳月を費やしてメスのガからこの物質を抽出分析し、その化学構造を決定して「ボンビコール（bombykol）」と名づけました（図9）。

このような発見の経緯のため、フェロモンの研究は当初、昆虫で行われていましたが、その後、脊椎動物にもフェロモンの存在することが知られるようになりました。またフェロモンは単なる誘引物質ではなく、そのはたらきにもさまざまな相違のあることが明らかになってきました。

フェロモンとは、「動物個体から放出され、同種の他個体に特異的な反応を引き起こす化学物質である」と定義されています。フェロモンはその作用から「解発フェロモン」と「起動フェロモン」に分類されます（図10）。

1 解発フェロモン（releaser pheromone, signal pheromone）

このフェロモンは、同種他個体に直接的な行動を引き起こすものと定義されています。

その効果は比較的急速に発現しますが、動物の体内における内分泌的変化は伴いません。

2　起動フェロモン（primer pheromone）

このフェロモンは、同種の他個体の生理機能に影響を及ぼし、動物の体内に種々の内分泌変化を起こさせるものと定義されています。このフェロモンの効果は比較的長時間持続します。

昆虫のフェロモン

フェロモンの研究は昆虫を代表とする無脊椎動物の分野で最も進んでいます。

昆虫の行動は本能行動であって、限られた刺激に対して限られた反応が起こるようなしくみが備わっていると言われています。そのなかで、フェロモンの果たす役割は大きく、仲間にメッセージを伝えています。

昆虫は「嗅感覚子」という嗅覚器で、フェロモンを感知しています。嗅感覚子は触角にあります。昆虫の皮膚にはクチクラ装置という突出した部分が多数あり、「嗅孔」と

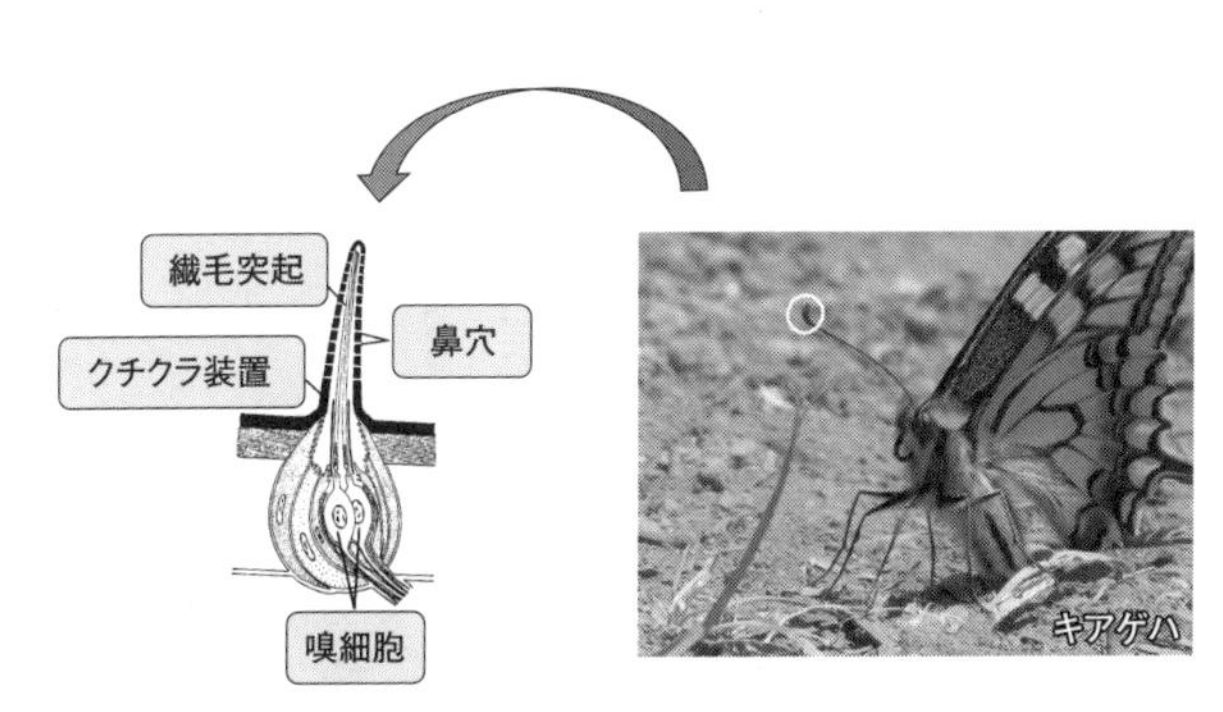

図11　昆虫の嗅感覚子（キアゲハ）
フェロモンは触角で受容される。オスの触角はメスに比べて大きい。

よばれる孔が数多く開口しています。ここからフェロモンを取り込んでいます（図11）。

（1）リリーサーフェロモン
（releaser pheromone）

・性フェロモン

配偶行動に関与するフェロモンで、通常はメスが分泌し、オスがそれを感受して配偶行動が解発されます。

カイコガのメスからボンビコールを精製抽出したのは、ドイツの化学者のブテナントでした。彼は当時、まだ絹の国であった日本からカイコの蛹を輸入し、性フェロモンの抽出に使ったメスのガの数は50万匹とも言われています。カイコガのオスはこの性フェロモンを感受するセンサーを持っているわけですが、このセンサーの遺伝子を見つけたのは日本の化学者の西岡らのグループでした[10]。

ゴキブリの性フェロモンについては、ゴキブリ研究の第一人者である小松謙之博士（株式会社シー・アイ・シー研究開発センター）によると、ゴキブリには性フェロモンをメス成虫が分泌する種類（チャバネゴキブリ、ワモンゴキブリなど）と、オス成虫が分泌する種類（ハイイロゴキブリ）が見られているそうです。

・集合フェロモン

相互に誘引し、定着させて集団（コロニー）の形成、維持にはたらくフェロモンです。これを集合フェロモンとよびます。

先の小松博士によると、チャバネゴキブリが集合している場所には必ず糞があることより、ゴキブリ自身の糞中にあるフェロモンが分泌され、それに誘引されて集団を作ると言われているそうです。

カリフォルニアのキクイムシの集合フェロモンはイプセノール、イプスジエノール、ベルベノールの3種が主成分であると言われています。

・警報フェロモン

ミツバチ、シロアリなどの社会性昆虫やアブラムシのように集団で生活する昆虫に見られ、その集団の一部の個体が他の動物によって攻撃されると、その個体はある種の化学物質を分泌発散させて、集団の仲間に危険を知らせます。この物質は警報フェロモンとよばれています。

警報フェロモンは、種特異性は低く、揮発性は高く、有効距離や時間は短いと考えられています。

ミツバチの警報フェロモンの主成分は酢酸イソペンチルと言われています。

・道しるべフェロモン

コロニーを形成する昆虫に見られ、移動経路に塗りつけて、帰巣のためや採餌のための集団での移動を引き起こします。

たとえば、多数のアリが行列をなして餌を採取に行き、1匹のアリが餌を見つけた際に地面に匂いを残して他のアリに後を追わせます。この匂い物質が道しるべフェロモンです。

・密度調整フェロモン（分散フェロモン）

過密状態を抑制するはたらきを持つフェロモンで、多くは産卵時に分泌され、同じ場所への産卵を阻止します。

(2) プライマーフェロモン(primer pheromone)

・階級分化フェロモン

ハチ類やシロアリ類の女王が分泌するフェロモンで、女王フェロモンともよばれています。

ミツバチのコロニーにおいては、女王フェロモンは働き蜂の卵巣の発育を抑制し、さらに働き蜂を介して幼虫に伝えられ、その幼虫の卵巣の発育をも阻止します。すなわち、女王フェロモンは新しい女王の出現を抑制し、働き蜂に生育させているのです。

女王フェロモンの主成分はオキソデセン酸と言われています。

両生・爬虫類のフェロモン

水生動物の嗅覚器は口腔や呼吸器とは独立した器官になっていますが、陸生動物では嗅覚器が口腔とつながるようになり、嗅覚器は呼吸器に空気が流入する通路の一部に配

置されています。そして、両生類以降では、空気は嗅覚器を通り、呼吸器に届きますが、この間に嗅覚器は空気の清浄器や加湿器などの役割も果たすようになっていきます。また、嗅覚器のほかにフェロモンを受容する鋤鼻器も保有するようになりました。

両性類のカエルでは鼻腔の上部に嗅粘膜、下部に鋤鼻粘膜があり、互いに離れて分布しています。

爬虫類のヘビやトカゲでは鋤鼻器は鼻腔とは別になり、口腔に開口しています。彼らの二股に分かれた長い舌が頻繁に口腔から出入りしているのは、空気中に飛散しているフェロモンなどの化学物質を舌先に付着させ、左右の鋤鼻器へ運ぶためです。

ヘビは集団をなして越冬しますが、これはヘビが同一の個体の匂いに反応して群れ集まるためと説明されています。しかし、ヘビの舌の先端を除去したり、口腔への鋤鼻器の開口部を縫合閉鎖したり、鋤鼻器から副嗅球への投射路である鋤鼻神経を切断したりするとヘビの集団行動は失われます。また、ヘビが獲物を追跡するときは、鋤鼻器—副嗅球系の知覚に依存して行動すると言われています。鋤鼻器—副嗅球系の破壊はヘビの狩猟行動の低下にもつながります。

（1）リリーサーフェロモン

・ソデフリン、アイモリン

日本獣医生命科学大学の中田友明准教授を中心としたグループの研究成果について紹介します。

中田らは、性的魅力をアピールするフェロモンをメスのイモリで発見しました[11]。ところで、イモリとヤモリの区別がつきますか？　イモリは、サンショウウオ目イモリ科の両生類で、四肢は短く、尾は大きく扁平で遊泳に適しています。体は黒褐色、腹は全体赤色で黒い斑点があります。本州、四国、九州の淡水に住んでいます。アカハライモリなど世界に40種が棲息しています。ちなみに、ヤモリは、トカゲ目ヤモリ科の爬虫類です。

以前には、オスのアカハライモリが求愛行動中にメスを惹きつけておくためのフェロモン（ソデフリン）が菊山ら[12]によって見つけられていましたが、今回はメスが作る性フェロモンの発見です。この性フェロモンは、アミノ酸3残基のペプチドで、卵管の繊毛細胞で作られ、水中に放出されてオスに受け取られます。彼らは、ソデフリンに由来し、メスからの性フェロモンをアイモリンと命名しています。

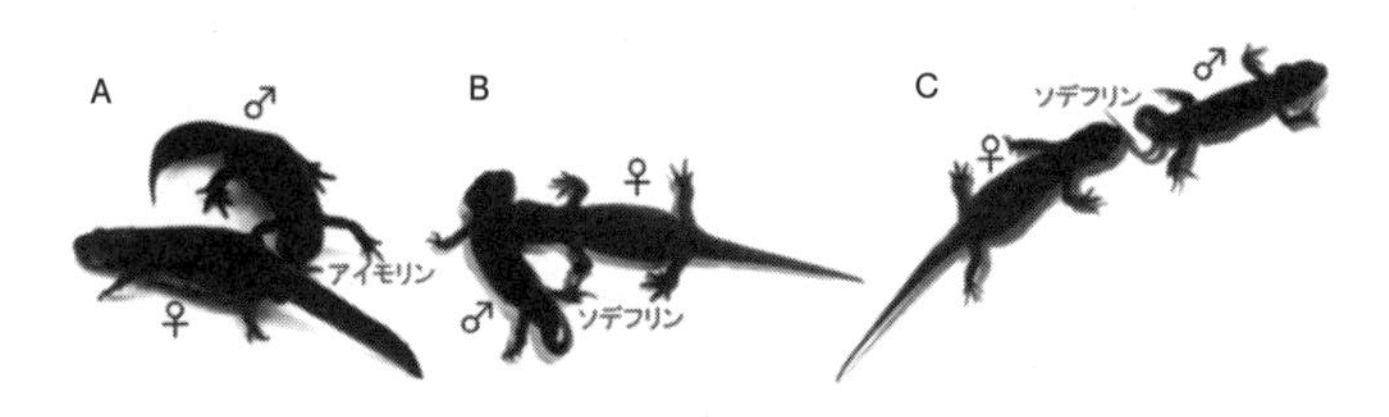

図12 アカハライモリの求愛行動と性フェロモン（中田博士より提供）
オスはメスが求愛を受け入れるか、メスの総排泄孔からのアイモリンによって判断する (A)。次いでオスの総排泄孔からのソデフリンを水流にのせてメスに送る (B)。オスはメスの先頭に立ってソデフリンを放出しながら前進する。メスはオスに従う (C)。その後、オスの総排泄孔からの粘着性の精子塊をメスが総排泄孔に取り込み、体内受精が成立する。

メスのアイモリンとオスのソデフリンによる化学信号が順序立ってはたらくことにより、生殖効率を高めていると考えられています(図12)。

・シリフリン

アカハライモリと同じイモリ科である、シリケンイモリが分泌する性フェロモンです。このフェロモンはオスから分泌されています。

シリフリンはアカハライモリには作用せず、一方のソデフリンはシリケンイモリに作用しません。このことは種の特異性を示しています。

・スプレンディフェリン

アマガエルの一種が分泌する性フェロモンです。このフェロモンはオスの皮膚の外分泌腺から分泌され、メスを誘引する作用が知られています。

哺乳類のフェロモン

哺乳類の社会行動においては、さまざまな局面においてフェロモンを介した情報伝達が行われていることが知られています。

すでに述べたように、フェロモンは鋤鼻器によって知覚されます。すなわち、鋤鼻器はフェロモンの受容体と考えられています。現在では鋤鼻受容体は、鋤鼻器に特異的に発現する受容体遺伝子群としてⅠ型（V1R）およびⅡ型（V2R）の2つのグループに分けられています。齧歯類はⅠ型とⅡ型の両方を発現し、反芻類（ウシ、ヤギなど）や肉食類（イヌ、ネコなど）ではⅠ型のみが発現していると言われています。

哺乳類の鋤鼻器はどのように匂いを感知するのでしょうか?

基本的に哺乳類の鋤鼻器は、鼻中隔の腹側基部に沿って、前後方向に細長い左右対称の1対の器官として見られます。前端は鼻腔に直接開口している齧歯類やウサギなどと、切歯管という鼻腔と口腔を結ぶ管に開口しているイヌ、ウシ、ヤギなどが存在しています。一方、後端は動物種に関係なく、盲嚢として終わり、どこにもつながっていないの

で、鋤鼻器は閉ざされた管状の構造をとっています。このような場合、匂いが鋤鼻器のなかに入り、感覚上皮に感知されるのはなかなか困難です。そのため、鋤鼻器が匂い物質を内腔に取り込むために大きく分けて2つのしくみが発達しました。

1つは「鋤鼻ポンプ」と言われるもので、齧歯類の鋤鼻器はこのしくみによって機能します[13]。鋤鼻器の外側壁は非感覚性の呼吸上皮に被われており、齧歯類の鋤鼻器感覚上皮の下には「静脈洞」とよばれる太い血管と、その周囲には平滑筋および弾性繊維が発達しています（図13）。この血管が拡張・収縮を繰り返すことで、鋤鼻腔の内圧を変化させてフェロモン物質を取り込みます。一方、切歯管と交通している鋤鼻器を持つ動物種は、「フレーメン（flehmen）」という独特な行動を行います（図14）。このフレーメンはウマ、ウシ、ヤギ、ヒツジなどで見られ、オスがメスの尿や膣分泌物の匂いを嗅いでいるときに観察され、オスは口を軽く開き、上唇を大きくまくり上げて、まるで笑っているように見えます。この行動により、息を吸うと空気は上顎の切歯管開口部から切歯管を通って鼻腔に抜けます。その後に口腔から吸い込まれた空気が入り、そこで匂い物質も鋤鼻器に感知されることになります。

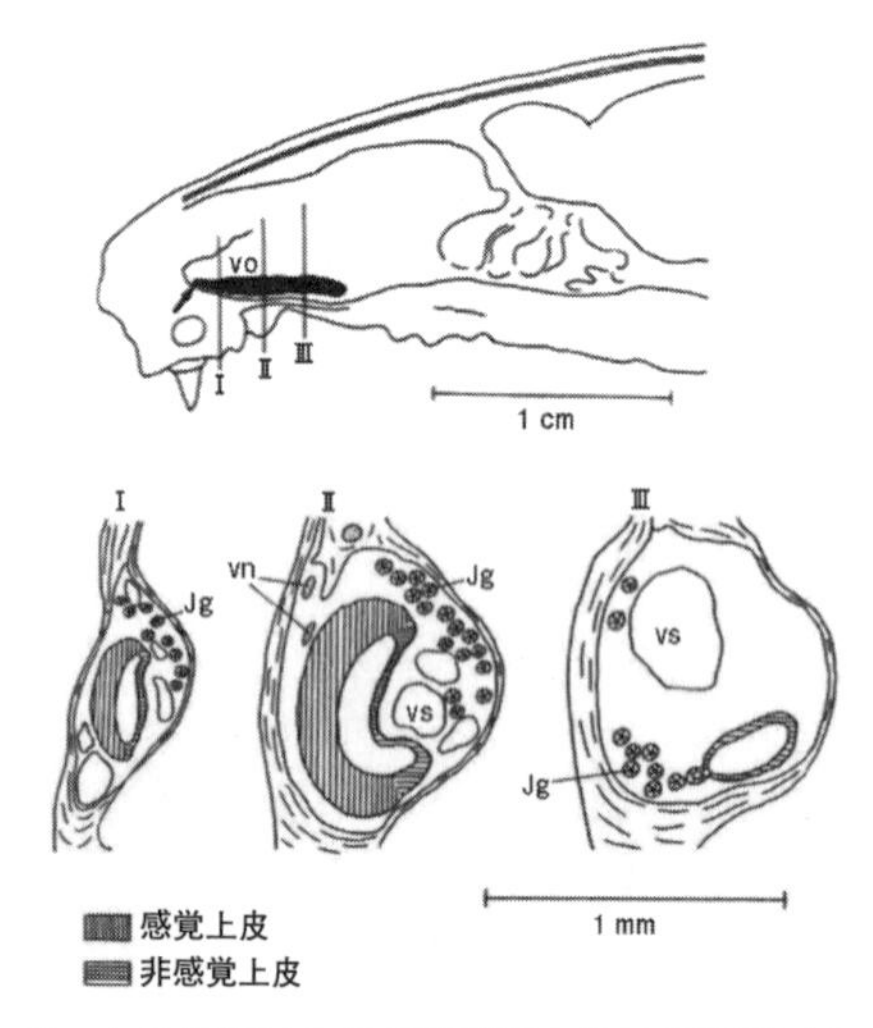

図 13　ラットの鼻腔における鋤鼻器とその横断面（谷口原図）
jg: ヤコブソン腺、vn: 鋤鼻神経、vo: 鋤鼻器, vs: 静脈洞。

図 14　ヤギのフレーメン

図 15　Prof. Moltz と著者（シカゴ大学　1984 年）

1　フェロモン受容器 ―鋤鼻器―

ここで、少し立ち止まって、すでに述べた「鋤鼻器は『動かす匂い、すなわちフェロモン』を知覚する」という命題は正しいとの観点よりフェロモンの受容器である鋤鼻器について考えてみます。

１９８０年代初頭、筆者は母性フェロモン（maternal pheromone　後述）の提唱者であるシカゴ大学のモルツ教授（Prof. H. Moltz）の研究室に留学の機会を得ました（図15）。彼から最初に与えられた課題は鋤鼻器の摘出手術の確立でした。この摘出手術の目的は副嗅覚系の機能を検索することであり、またフェロモンの効果を実証することでした。

フェロモンの嗅覚情報は生殖行動などにも関係

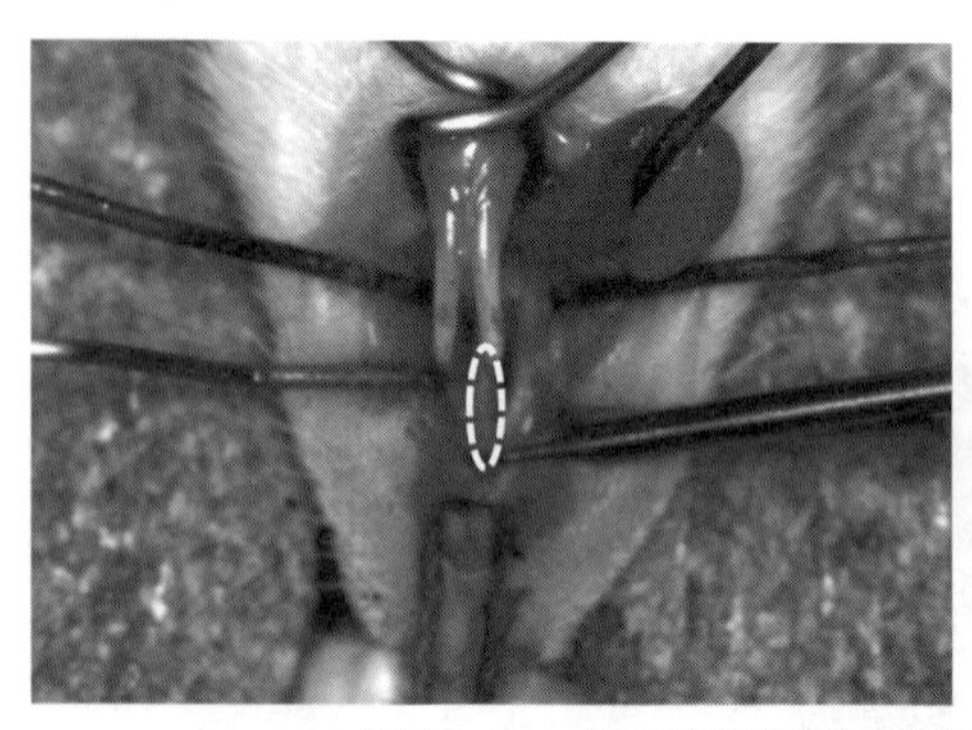

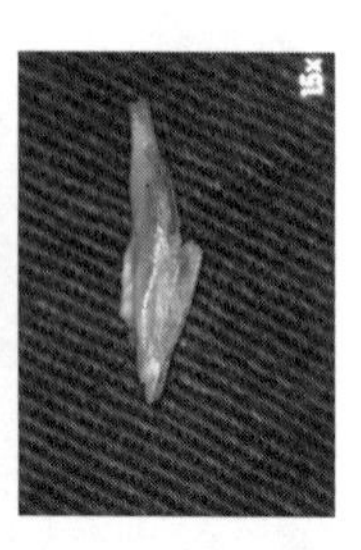

図16　ラットの鋤鼻器摘出手術法
左：鋤骨の露出、右：摘出された鋤骨（左右1対の鋤鼻器を含む）

が深い視床下部、また本能や情動行動の中枢である大脳辺縁系などに至るため、鋤鼻器の影響を受けると思われる動物行動にはさまざまなものが考えられますが、ここでは最初に鋤鼻器摘出手術法を記述し、その手術によって得られた（鋤鼻器欠損症状）データを基に、生殖行動における鋤鼻器の機能について概説します。

（1）鋤鼻器摘出手術法

鋤鼻器の摘出手術法については、マウスでClancy et al.[14]、ラットで斎藤ら[15、16]の報告があります。これらの方法の概略を述べます。

背位固定したラットの口腔を開口し、局所麻酔薬を口蓋に塗布します。外科用メスにて口蓋を正中線上に切開します。鋤骨が明瞭に露出するよう

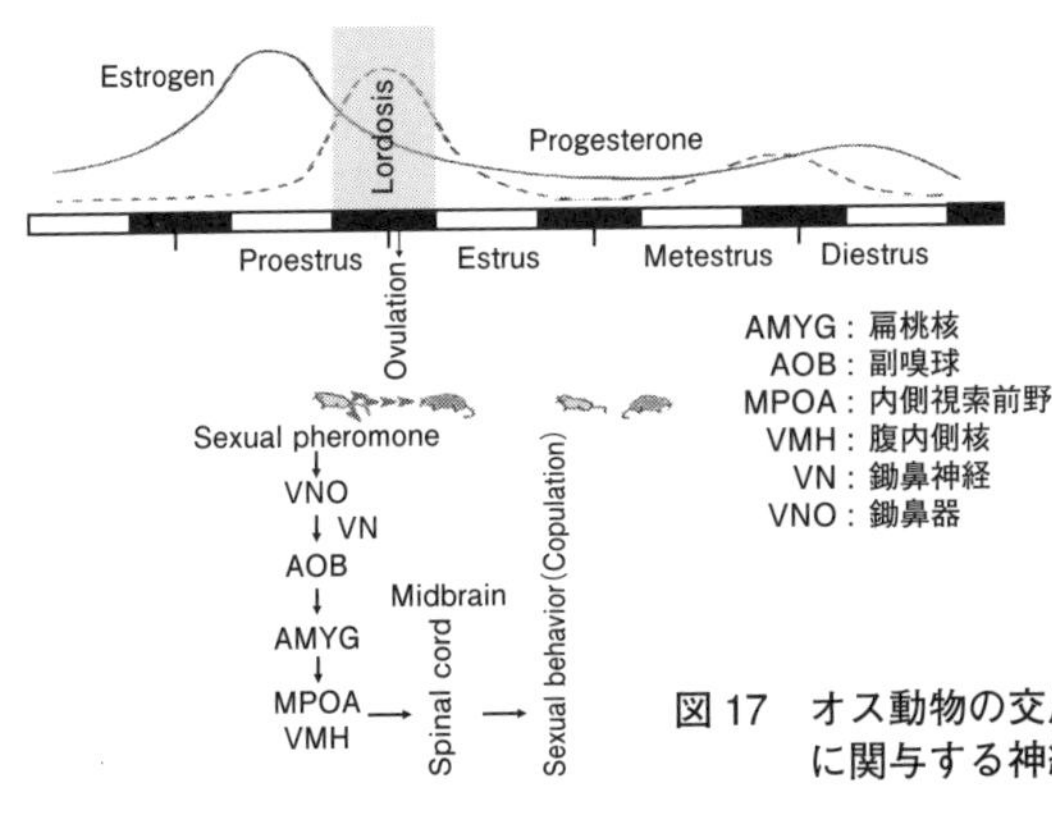

図17　オス動物の交尾行動発現に関与する神経回路

に切開した硬口蓋を左右に分けます。鋤鼻器を含んでいる鋤骨を前後2か所切断し、それを摘出します（図16）。

（2）交尾行動（copulatory behavior）

第3章で述べたように、オスは、発情動物から放出される性フェロモン（sexual pheromone）によって性的興奮（sexual arousal）が起こり、次いでマウント行動（マウント、挿入、射精）が発現します（図17）。

鋤鼻器が交尾行動に機能していることは、最初にハムスターで実験的に証明されています。オスのハムスターを3群に分け、それぞれに鋤鼻神経の切断、嗅上皮の破壊、鋤鼻神経の切断と嗅上皮の破壊を施します。すると、嗅上皮の破壊されたハムスターの交尾行動には変化がありませんでしたが、鋤鼻神経の切断と嗅上皮の破壊という両方の処置を受けたハムスターでは交尾行動が廃絶し、鋤鼻神経を切断されただけのハムスターでも交尾行動は有意に減少しました[17]。

マウスの性行動にも鋤鼻器からの情報に依存している部分があります[14]。鋤鼻器を除去されたオスのマウスは交尾行動の低下を示し、メスマウスのフェロモンに暴露されても血中テストステロンの上昇は見られていません。また、オスマウスはメスの存在により、それを識別して超音波を発信しますが、鋤鼻器を除去するとこの発信が減少します。

ラットにおいても、ハムスターやマウスと同じように鋤鼻器の摘出により交尾行動の低下を示します。この傾向は交尾未経験オスラットのほうが交尾経験オスよりも強くあらわれます[18]。

（3）ロードーシス（lordosis）

発情期にあるメスラットに顕著に見られる性行動として、オスと一緒にするとオスを勧誘する行動（soliciting behavior）、たとえばピョンピョン跳ねながら逃げる行動（hopping）、耳を振るわせる行動（ear-wiggling）などが観察されます。

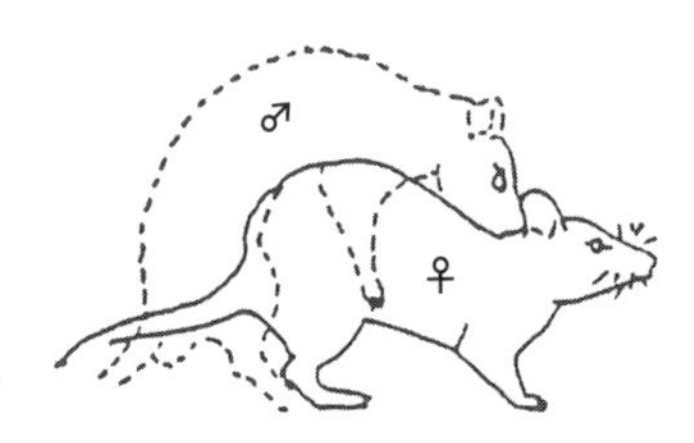

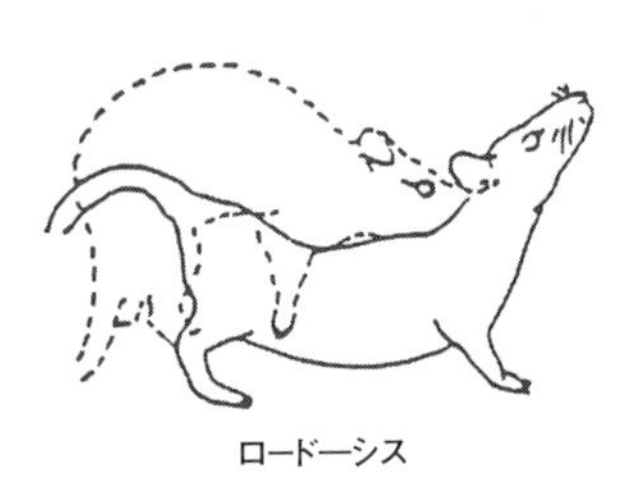

図18　ラットのロードーシス
発情メスはオスのマウントに対してロードーシスを示す。

オスのマウントに反応して、発情ラット、ハムスターなどのメスでは図18に示すように脊柱の湾曲と後肢・前肢の伸展により臀部と頭部を持ち上げる姿勢が見られます。これをロードーシスとよんでいます。このロードーシスはメス動物の発情の程度を示す指標として用いられており、ロードーシス商（ロードーシスの回数／オスのマウント回数）として表されます。すなわち、ロードーシス商が1に近づくほど、強い発情を示すことになります。

鋤鼻器がメスの性行動の発現に機能していることは、ラットの実験で証明されています。鋤鼻器を摘出されたメスのラットは勧誘行動ならびにロードーシス商の減少を示しました（図19）[19、20]。この動物にＬＨＲＨ（黄体化ホルモン放出ホルモン）の投与によりロードーシス商の回復を認めましたが、勧誘行動の回復には至りませんでした（図20）[21]。このことは、ロードーシスと勧誘行動の発現への、それぞれ異なった神経回路の関与を示唆しています。ＬＨＲＨの投与は先の鋤鼻器摘出オス動物の交尾行動の減少に対する回復効果も認められています[22]。

（4）母性行動（maternal behavior）

就巣、保育、外界からの危害に対する保育子の保護などの行為は「母性行動」と言われています。広義にはメス、オスに見られるこれらと類似の行動も母性行動と考えられています。

母性行動は分娩の前から出現します。ラットでは授乳の準備として乳頭をなめる行動が活発に行われます。さらに、多くの動物では妊娠後期から巣作り行動が開始され、分娩後授乳行動およびリトリービング（retrieving：迷い出た乳子を自分の側に寄せ集める行動）、リッキング（licking：乳子の性器をなめて排尿・糞を促す行動）が観察されます（図21）。

母性行動と鋤鼻器─副嗅球系の関係は、その動物が経産か未経産かで異なります。経

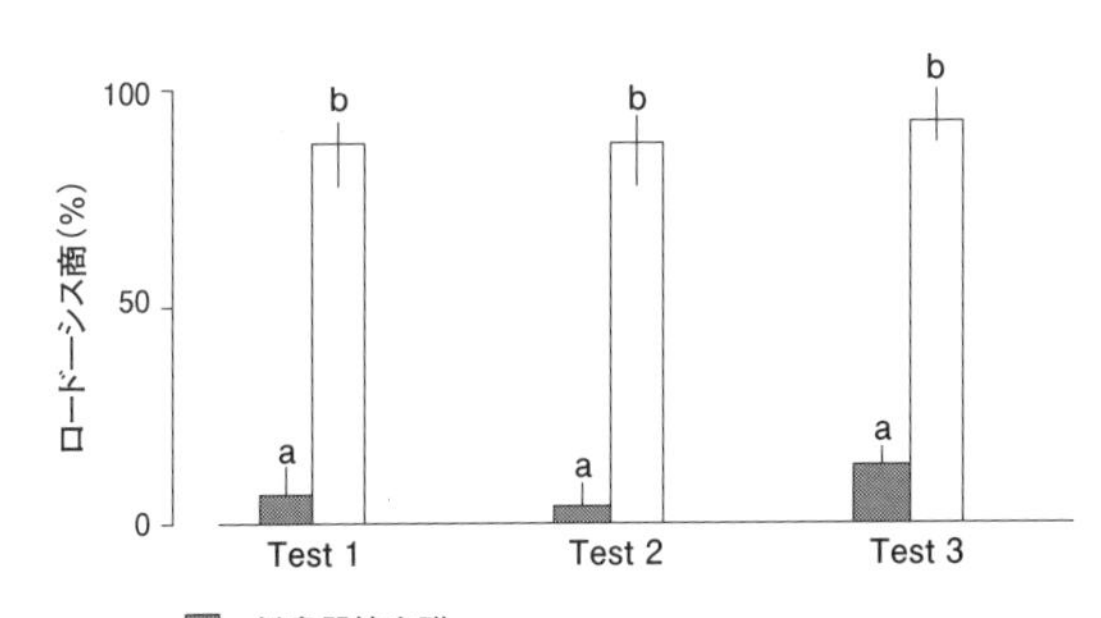

図 19　鋤鼻器摘出メスラットのロードーシス商
（異なるアルファベット間で有意差あり）

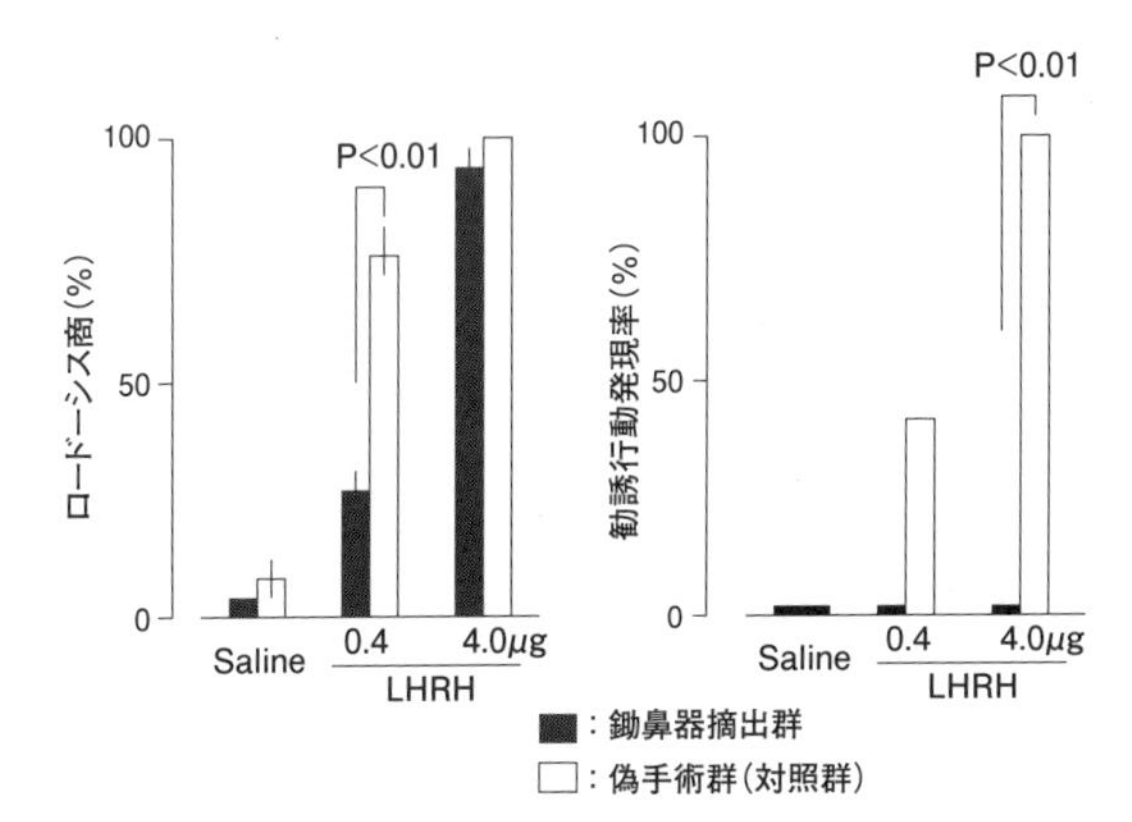

図 20　鋤鼻器摘出メスラットのロードーシス商および勧誘行動発現率に対するエストロゲン（2μg）と LHRH 投与の効果

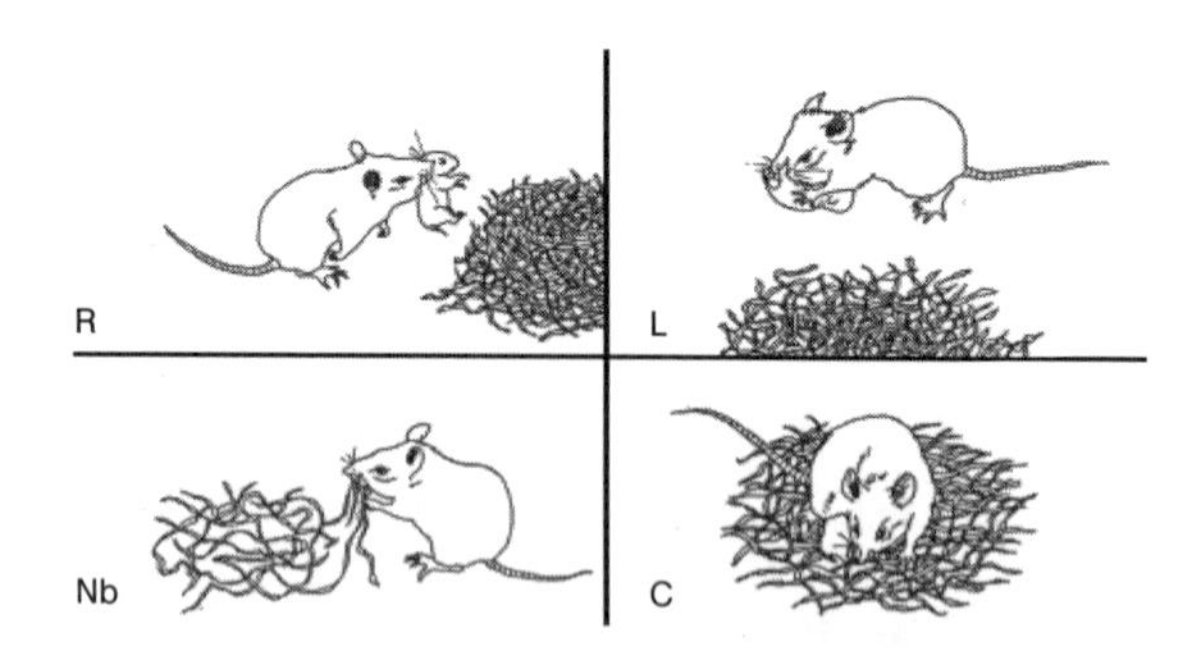

図 21　マウスの母性行動
R：リトリービング　L：リッキング　Nb：巣作り行動　C：クラウチング

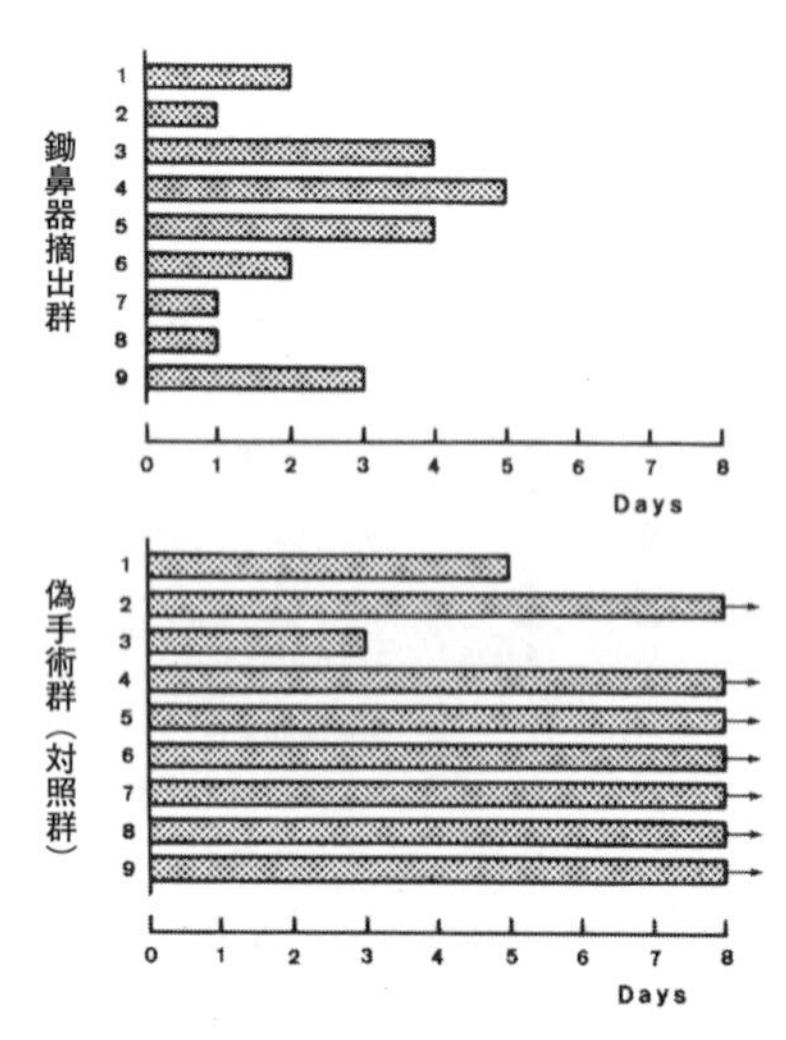

図 22　乳子暴露による未経産ラットの母性行動誘発潜時
鋤鼻器摘出群は偽手術群よりも早期に母性行動を示すようになる。

産ラットの鋤鼻器を摘出すると、それまで乳子をリトリービングする行動が見られていたのが、見られなくなります。一方、未経産ラットにおいては乳子を与えてもなかなかリトリービング行動が見られませんが、鋤鼻器の摘出により乳子の暴露後、数日ですべてのラットがリトリービング行動を示すようになります（図22）[23]。

なぜ、このような矛盾が生じるのでしょうか？

つまり、未経産ラットでは乳子からの刺激（匂い）は副嗅覚系（鋤鼻器―副嗅球系）を介して内側視索前野にはたらき、リトリービング行動が抑制されていると考えられます。その根拠に、鋤鼻器の除去によりリトリービング行動は誘発されています。ちなみに、内側視索前野は母性行動を司る中枢と言われています[24]。このことから、この副嗅覚神経系は妊娠（妊娠後期のホルモン動態、とくにエストロゲン[25]）により、リトリービング行動の誘発という方向に転化される可能性が推察されます。参考までに、妊娠中の血中ホルモンの推移について図23に示します。

2 哺乳類フェロモン物質

ここからは、今日までに哺乳類のフェロモンとして同定されている化学物質について

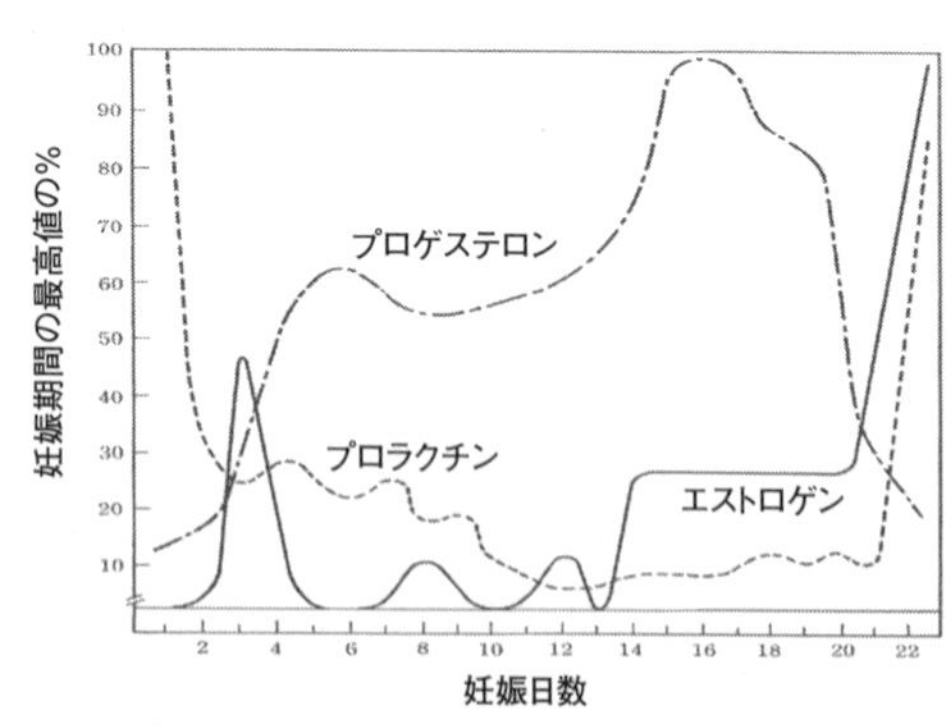

図23　ラットの妊娠間における血清プロゲステロン、エストロゲンおよびプロラクチンの値（Slotnick, 1975より改変）

説明します。

（1）リリーサーフェロモン

・なわばり行動（なわばりの主張）

尿や糞、あるいは皮膚の外分泌腺からの分泌物を用いたマーキング行動については先に述べましたが、その行動にはリリーサーフェロモンによる効果が含まれていると言われています。

マウスは他のオスの尿を嗅ぐと、その上に自分の尿をかけるカウンターマーキングを行うことから、個体標識を行っていると考えられています。マウスの尿にはタンパク質が含まれており、そのなかにマウス主要尿タンパク質（Major Urinary Protein：MUP）の存在が知られており、このタンパク質の構成成分の違いを根拠になわばりを主張していると言われています。

・**攻撃フェロモン**

マウスなどで、社会的に優位なオスは劣位のオスに対しての攻撃行動が見られますが、去勢（精巣除去）オスに対しては攻撃することはありません。したがって、オスに特異的な匂い信号としてのフェロモンの存在が考えられます。

マウスの尿中から攻撃誘発フェロモンとして2―sec―ブチルヒドロチアゾールとデヒドロ―exo―ブレビコミンという2つの物質が同定されています[26]。しかし、オスの攻撃にはこの2つの物質のどちらか一方だけでは効果が認められず、また2つの物質を混合しただけでも攻撃誘発フェロモンとしての作用は認められていません。したがって、この2つの物質に尿中のなんらかの物質が加わることによって発揮されるものと考えられます。

・**警報フェロモン（alarm pheromone）**

動物は自身に危険が迫ると、その情報を仲間に知らせて危険を回避するように促しています。通常、音声信号による危険情報の伝達が知られていますが、匂いによる化学信号も用いられています。

ラットは危険な状況に置かれると自ら特異な匂いを放出し、この匂いに対して他の個体が忌避的行動をとると言われています。

動物はストレッサーを与えられるとストレス反応として一過性の体温の上昇が見られます。

ケージの床に電気ショックがかかるワイヤーグリッドを設置し、そこにラットを入れて電撃フットショックを与えます。その後、このケージからラットを取り出して、新たなラットを入れます。すると、このラットは電撃ショックを受けていないにも関わらず、緊張性の行動とともに体温の上昇が観察されました。さらに、副嗅球ニューロンの活性が高まっていることもわかりました。この実験結果は、フットショックを受けたラットからなんらかの匂い物質（フェロモン）が放出され、このフェロモンに対して他のラットが自律神経系を主とした反応を示したものと考えられます（図24）。このフェロモンは肛門周囲部から放出される水溶性の物質であることが明らかになりました[27]。最近、東京大学などの研究チームがこのフェロモンの同定に成功し、4－メチルペンタナールとヘキサナールであることを報告しています[28]。いずれか単独では効果がなく、2種類がそろって初めて機能していることもわかりました。

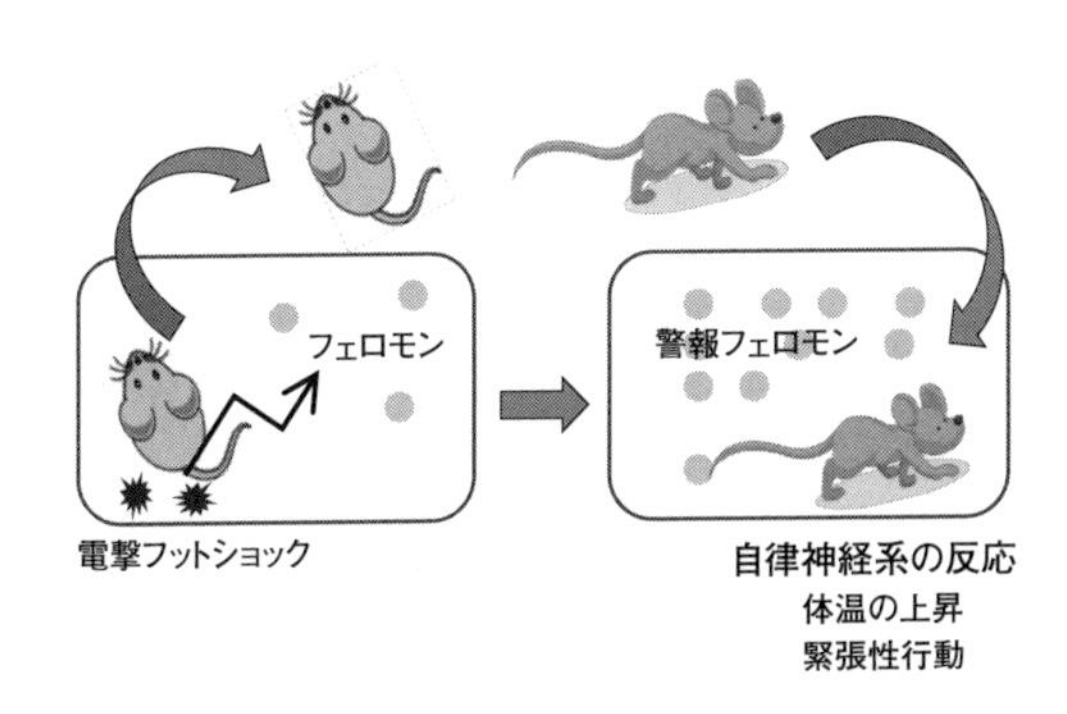

図24　警報フェロモンの模式図

・母性フェロモン

先のモルツ博士は、授乳期に母親から放出されるフェロモンの存在を明らかにし、母性フェロモンと称しました。

このフェロモンは母親の盲腸で作られ、糞と一緒に放出されることが確かめられています。21日間泌乳していたメスの胆汁をオスラットの盲腸に注入すると、オスから母性フェロモンの放出が見られます。しかし、わずか5日間泌乳していたメス、あるいはプロラクチンが阻害されたメスから採取した胆汁の投与では、オスからのフェロモンの放出は認められず、プロラクチンが胆汁の組成を変化させていると考えられています[29]。

このフェロモンは、産後約14〜27日間に放出

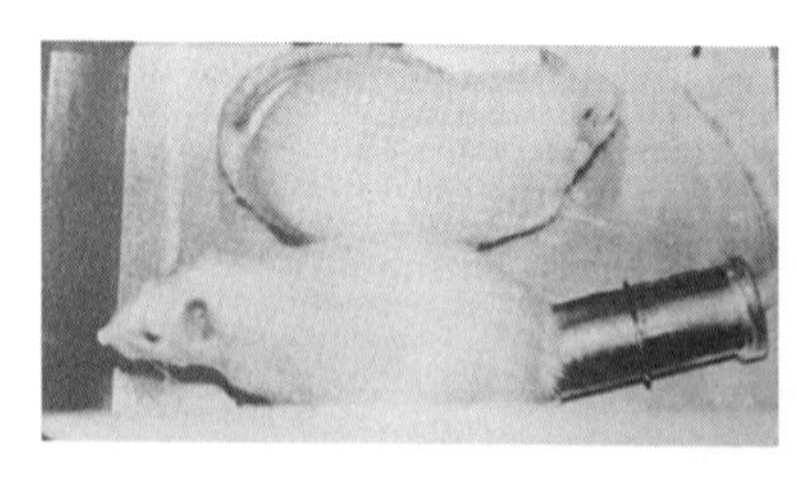
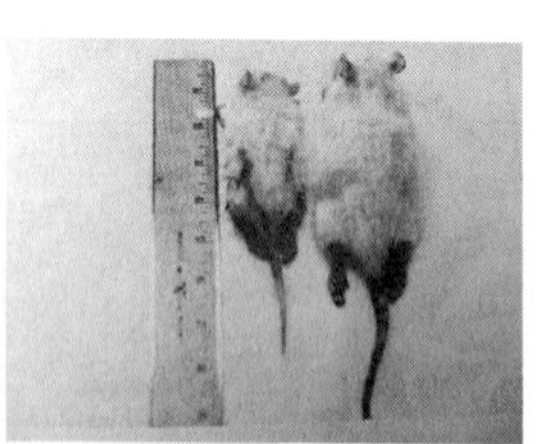

図25　テールカップ装着母親とその新生子（Moltz, 1983）
テールカップにより新生子は母親の糞を摂食できず、発育も劣る。

され、新生子はこれに応答して母親の（糞中）フェロモンに惹きつけられて糞を摂取するようになります。この間の糞中には高いレベルのデオキシコール酸が含まれており、このデオキシコール酸が腸免疫賦活および脳髄鞘化を促進することが示唆されています[30]。さらに、新生子が母親の糞を摂食できないように、母親の尾にカップを装着させたところ（図25）、その新生子の血中トリグリセリドおよび遊離脂肪酸のレベルが減少し、さらに脳においてミエリン酸の量およびミエリン中のリン脂質の濃度が減少していることが報告されています。したがって、母性フェロモンへの応答、そして母体糞の摂食を通してデオキシコール酸の摂取が正常な脳ミエリンの沈着を促進すると考えられています[31]。

このような生理的現象は、子ウマの食糞行動においても見られています[32]。

（2）プライマーフェロモン

哺乳類におけるプライマーフェロモンの効果は、私たちの日常生活ではほとんど観察されないため、このフェロモンに関する研究はおもにマウスなどを用いて行われ、今日までさまざまな現象が報告されてきました。

以下に紹介しますが、そのほとんどは発見者の名前を冠してよばれています。

・リー・ブート効果（Lee-Boot effect）

マウスのメスを同居させ、しかもオスをまったく寄せつけず、オスの尿や、オスの匂いが染みついた巣にも触れさせずに、オスの匂いの一切を遮断すると発情周期が延び始めます。偽妊娠も引き起こされることがわかりました[33]。

・ホイッテン効果（Whitten effect）

リー・ブート効果を補完するもので、集団飼育したことにより発情が抑制されたメスマウスにオスの匂いを嗅がせると、発情が誘起されます。

さらに、オスマウスまたはオスの尿やオスの匂いが付着した巣の材料によって、集

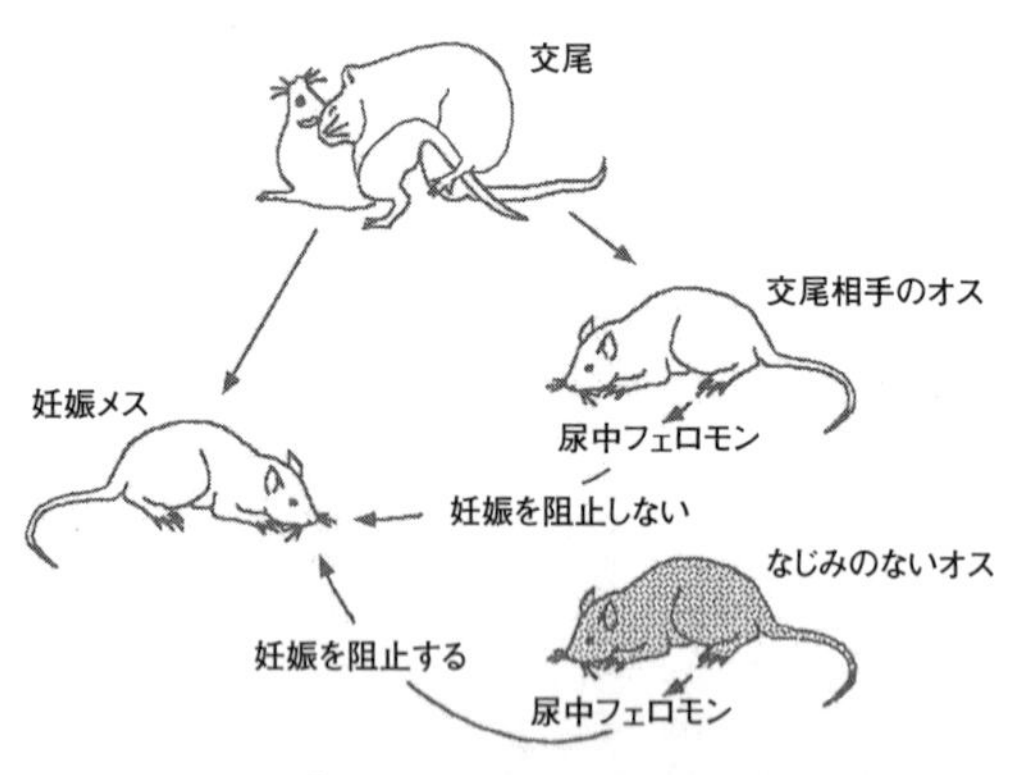

図 26　ブルース効果の模式図（椛原図）
フェロモンによる妊娠阻止。

団飼育していたメスマウスの発情周期が短くなることを見出しています[34]。

斎藤らはホイッテン効果がオスマウスのフェロモンに起因していることを立証しています。メスマウスにオスを近接（金網越しに）した場合、18匹中8匹に発情周期の短縮（4日周期が3日周期に）が認められているのに対して、鋤鼻器を摘出したメスマウス15匹全例には発情周期の短縮は見られていません[35]。

・ブルース効果（Bruce effect）

メスマウスを交尾させてから一定時間内のある時期に、メスに交尾相手とは異なるオスの匂いを嗅がせると、受精卵の子宮への着床が阻害されて妊娠の継続が不可能となり、流産してしまいます[36]。この効果は、オスの尿でも再現さ

成熟オスと幼弱メスの同居群

幼弱メスのみの同居群

図27　ヴァンデンバーグ効果の模式図
成熟オスとの同居により、幼弱メスマウスに性成熟の早期化が見られる。

れますので、尿に含まれるフェロモンの作用であることがわかります（図26）。

交尾相手のオスの尿にも妊娠を阻止するフェロモンは含まれています。しかしながら、交尾相手のフェロモンでは妊娠が阻止できないのは、なぜでしょうか？

それはメスマウスが交尾刺激を引き金としてこの交尾相手のフェロモンを記憶し、この記憶によって妊娠阻止作用を防御しているのです。フェロモンの記憶と妊娠阻害現象については、椛の総説[37]に詳しく述べられています。

・ヴァンデンバーク効果（Vandenbergh effect）
オスの影響下で育てられた幼弱メスマウスはオスのいないところで育てられた個体に比べて、発情期の開始が早まります（図27）。すなわち、オスの尿中にあるフェロモンがメスの性成熟を促進させることが示唆されます[38、39]。さらに、メスの匂いが幼弱オスの精巣を早熟させることも示しました。

私たちの研究室の研究員であった小幡らは、ヴァンデンバーグ効果がモルモットにも見られることを報告しています[40、41]。成熟オスとの同居で幼弱メスモルモットの膣開口日齢の早期化が見られます。

・オス効果（male effect）

季節繁殖動物であるヒツジやヤギなどでは非繁殖期のメスの群れにオスを導入すると、メスの卵巣活動が賦活して発情周期が回帰することが以前から知られていました。この現象はオス効果とよばれます。

オスヤギの被毛中に含まれる4－エチルオクタナールがフェロモン物質であると同定されています[42]。

・寄宿舎効果（dormitory effect）

ヒトにおけるフェロモンの存在を最初に示したのは、シカゴ大学のマクリントックでした[43]。寄宿舎で生活している女子学生のアンケート結果から共同生活が始まると月経周期が同調すること、さらに女性の腋窩からの分泌物を別の女学生に嗅がせると月経周期に影響を及ぼすことを明らかにしました。卵胞期の分泌物は女性の排卵を促進することにより月経周期の短縮を誘導し、排卵期の分泌物は排卵の遅延を起こし月経周期の延長をもたらすため、月経周期が同調すると述べています。

寄宿舎効果をもたらすプライマーフェロモンはどこで感知されるのでしょうか？ヒトには鋤鼻器は存在しないと考えられています。それでは、嗅上皮が感知しているのでしょうか？

発生・解剖学者の谷口和之博士（岩手大学名誉教授）によると、次のように説明されています。

ヒトの嗅覚系は主嗅覚系のみからなっていて鋤鼻系を欠いていますが、ヒトの発生の途中では鋤鼻器が出現し、これが誕生前に退化してしまいます。したがって、ヒトの鋤鼻系は二次的に失われたものと考えられます。また、鳥類でも鋤鼻器は発生の途中で出現しますが、やはり孵化までには消滅してしまいます。

しかし、魚類には基本的に主嗅覚系しか存在せず、なおかつ魚類にもフェロモンの存在が考えられているので、もともと嗅上皮は一般の匂いもフェロモンも感知する能力が備わっていると考えられます。その後、動物の進化とともに鋤鼻器が出現すると、主嗅覚系は一般の匂いの受容、鋤鼻系はフェロモンの受容、というような役割分担が起こったのでしょう。このような役割分担が起こったとしても、主嗅覚系がフェロモンを受容する能力を完全に失ったことを意味するわけではありません。

参考文献

1 Ralls K : Science, 171: 443-449, 1971.
2 Johnston R E : Anim. Behav., 25: 317-327, 1977.
3 山口孝雄、斎藤徹：実験動物技術、30: 143-158, 1995.
4 Dryden G L & Conoway C H : J. Mammal., 48: 420-428, 1967.
5 Claude B & Jean-Pierre R : J. Invest. Dermatol., 68: 215-220, 1977.
6 Puline Y : Horm. Behav., 7: 259-265, 1976.
7 Puline Y, et al. : Horm. Behav., 13: 175-184, 1979.
8 Abliz A, Saito T R, et al. : Exp. Anim., 52: 17-24, 2003.
9 森裕司：動物の行動と匂いの世界、化学と生物、11: 714-723, 1993.
10 Sakurai T, et al. : Proc. Natl. Acad. Sci. USA, 101: 16653-16658, 2004.

11 Nakada T, et al.：Scientific Reports, 7: 41334, 2017.
12 Kikuyama S, et al.：Science 267: 1643-1645, 1995.
13 Halpern M：Annu. Rev. Neurosci., 10: 325-362, 1987.
14 Clancy A N, et al.：J. Neurosci, 4: 2222-2229, 1984.
15 Saito T R & Mennella J A：Exp. Anim., 35: 527-529, 1986.
16 五十嵐章之、田内清憲、今道友則、斎藤徹：実験動物、37：355-359, 1988.
17 Powers J B & Winans S S：Science, 187: 961-963, 1975.
18 Saito T R & Moltz H：Physiol. Behav., 37: 507-510, 1986.
19 Saito T R & Moltz H：Physiol. Behav., 38: 81-87, 1986.
20 Saito T R, Hokao R & Imamichi T：Exp. Anim., 37: 93-95, 1988.
21 Saito T R, Kamata K, Nakamura M & Inaba M：Jpn. J. Vet. Sci., 51: 191-193, 1989.
22 Saito T R：Exp. Anim., 37: 485-488, 1988.
23 Saito T R, Kamata K, Nakamura M & Inaba M：Zool. Sci., 5: 1141-1143, 1988

24 Numan M : J. Comp. Physiol. Psychol., 87: 746-759, 1974.
25 Sheehan T P, et al. : Behav. Neurosci., 114: 337-352, 2004.
26 Novotny M, et al. : Proc. Natl. Acad. Sci. USA, 82: 2059-2061, 1985.
27 Kiyokawa Y, et al. : Chem. Senses, 29: 35-40, 2004.
28 Inagaki H, et al. : Proc. Natl. Acad. Sci. USA, http://www.pnas.org/cgi/doi/10.1073/pnas.1414710112
29 Moltz H & Leidshl L C : Science, 196: 81-83, 1977.
30 Kilpatrick S J, Lee T M & Moltz H : Physiol. Behav., 30: 539-543, 1983.
31 Lee T M & Moltz H : Physiol. Behav., 33: 391-395, 1984.
32 Sharon L, et al. : Equine Vet. J., 17: 17-19, 1985.
33 Lee S van der & Boot L M : Acta Physiol. Pharmac. Neer., 5: 213-214, 1956.
34 Whitten W K : J. Endocr., 13: 399-404, 1956.
35 Saito T R, et al. : J. Reprod. Dev., 41: 299-302, 1995.
36 Bruce H M : Nature, 184: 105, 1959.

37 椛秀人：BRAIN MEDICAL, 11: 156-162, 1999.
38 Vandenbergh J G：Endocrinology, 81: 345, 1967.
39 Vandenbergh J G：Endocrinology, 84: 658, 1969.
40 斎藤徹、小幡正樹、高橋和明：家畜繁殖誌、28: 141-144, 1982.
41 Kosaka T, Obata M, Saito T R, et al.：Zool. Sci., 5: 1137-1139, 1988.
42 Murata K, et al.：Curr. Biol., 24: 681-686, 2014.
43 Stern K & McClintock：Nature, 392: 177-179, 1998.

参考図書

・ストダルト著、木村武二、林進訳：哺乳類のにおいと生活、朝倉書店、1980.
・アゴスタ著、木村武二訳：フェロモンの謎、東京化学同人、1995.
・外池光雄、渋谷達明編著：においと脳・行動、フレグランスジャーナル社、2003.
・長田俊哉、市川真澄、鵜飼篤編著：フェロモン受容にかかわる神経系、森北出版、2007.
・市川真澄：フェロモンセンサー　鋤鼻器、フレグランスジャーナル社、2008.

・横須賀誠、斎藤徹：第6章 種内コミュニケーション、脳とホルモンの行動学、近藤保彦ら編、西村書店、2010.
・谷口和之：第3章 嗅覚を科学する、味と匂いをめぐる生物学、斎藤 徹編著、アドスリー、2013.
・Vandenbergh J G eds：Pheromones and Reproduction in Mammals, Academic Press, 1983.

斎藤　徹

1948年三重県生まれ。日本獣医畜産大学獣医畜産学部獣医学科卒業、同大学院修了。獣医師。獣医学博士。財団法人残留農薬研究所毒性部室長、杏林大学医学部講師、群馬大学医学部非常勤講師、日本獣医畜産大学獣医学科助教授、日本獣医畜産大学大学院獣医学研究科教授を経て、2014年4月より日本獣医生命科学大学名誉教授。日本アンドロロジー学会名誉会員、日本実験動物医学会生涯実験動物医学専門医、日本実験動物協会実験動物技術指導員、早稲田大学動物実験審査委員会専門委員、NPO法人小笠原在来生物保護協会副理事長。1983~86年、アメリカ国立衛生研究所（NIH）、シカゴ大学、1997~98年、カロリンスカ研究所、2003年、ゼンメルヴァイス大学に留学。専門は、行動神経内分泌学。日本学術振興会特別研究員等審査会専門委員、日本アンドロロジー学会理事、日本実験動物学会常務理事、日本実験動物医学会理事、日本実験動物協会教育・認定専門委員会委員、NPO法人生命科学教育奨励協会理事、東京理科大学生命科学研究所顧問などを歴任。現在、瀋陽薬科大学客員教授、内蒙古農業大学特聘教授、早稲田大学人間科学学術院招聘講師、学校法人食糧学院非常勤講師、株式会社シー・アイ・シー研究開発センター研究顧問などを兼務。著書に『母性と父性の人間科学』（共著、コロナ社）、『脳の性分化』（共著、裳華房）、『脳とホルモンの行動学』（共著、西村書店）、『実験動物学』（共著、朝倉書店）、『実験動物の技術と応用（入門編、実践編）』（編集、アドスリー）、『猫の行動学』（監訳、インターズー）、『Prolactin』（共著、InTech）など。

コミュニケーションをめぐる生物学

2019年2月25日　初版発行

斎藤　徹　著

発　行　株式会社アドスリー
〒164-0003　東京都中野区東中野 4-27-37
ＴＥＬ：03-5925-2840
ＦＡＸ：03-5925-2913
E-mail：principle@adthree.com
ＵＲＬ：https://www.adthree.com

発　売　丸善出版株式会社
〒101-0051　東京都千代田区神田神保町 2-17
神田神保町ビル 6F
ＴＥＬ：03-3512-3256
ＦＡＸ：03-3512-3270
ＵＲＬ：https://www.maruzen-publishing.co.jp

印刷製本　日経印刷株式会社

ISBN978-4-904419-84-7 C1045